樱花

栽培养护手册

彩图版

张艳芳　徐玉秀　编著

中国农业出版社

图书在版编目（CIP）数据

樱花栽培养护手册：彩图版／张艳芳，徐玉秀编著．
— 北京 ：中国农业出版社，2017.4
ISBN 978-7-109-22504-6

Ⅰ．①樱… Ⅱ．①张… ②徐… Ⅲ．①蔷薇科—栽培
技术②蔷薇科—观赏园艺 Ⅳ．①S685.12

中国版本图书馆CIP数据核字（2016）第310799号

中国农业出版社出版
（北京市朝阳区麦子店街18号楼）
（邮政编码 100125）
责任编辑 石飞华
───────────────
北京通州皇家印刷厂印刷 新华书店北京发行所发行
2017年4月第1版 2017年4月北京第1次印刷

开本：700mm×1000mm 1/16 印张：17.5
字数：330千字
定价：180.00 元
（凡本版图书出现印刷、装订错误，请向出版社发行部调换）

前言 FOREWORD

　　樱花是蔷薇科一种观赏效果极佳的园林树木，尤其在片植或列植时，花期集中开放，灿若云霞，场面极为壮观，令人震撼。现在樱花的观赏价值已越来越被人们认识和接受，栽樱和赏樱之风开始进入盛期。

　　笔者在武汉东湖樱花园从事樱花引种栽培等技术工作已十余年，曾于2010年5月出版了我国第一部樱花栽培与欣赏书籍《樱花欣赏栽培175问》，市场反响良好。如今六年过去了，对樱花的习性以及相关的樱花节布展活动等又有了许多新的理解和感悟，所以决定编著《樱花栽培养护手册(彩图版)》一书，希望与从事樱花园相关工作的同仁以及广大樱花爱好者分享。

　　本书以章节形式编排，涉及樱花内容较为丰富，图文并茂，力求通俗易懂。全书共9章内容：第一章樱花概述，第二章樱花植物学特征与生物学特性，第三章樱花分类与品种，第四章樱花栽培，第五章樱花繁殖，第六章樱花土壤与施肥，第七章樱花整形与修剪，第八章樱花病虫害及防治，第九章樱花欣赏与应用。

　　本书在编写过程中，查阅了大量樱花及樱桃的栽培资料，也借鉴了一些日本樱花的栽培经验，在此谨向这些给予我们帮助的国内外樱花、樱桃栽培同仁表示衷心的感谢！由于水平所限，书中不妥或错误之处，恳请广大读者和同仁批评指正。

张艳芳

2016年10月

樱花 栽培养护手册

目　录 CONTENTS

前言

✿ 第一章　樱花概述 / 1

第一节　我国樱花栽培历史 / 1
第二节　樱花在日本的发展 / 2
第三节　樱花的分类地位 / 4

✿ 第二章　樱花植物学特征与生物学特性 / 5

第一节　樱花植物学特征 / 5
第二节　樱花生物学特性 / 21

✿ 第三章　樱花分类与品种 / 38

第一节　樱花品种分类 / 38
第二节　樱花品种鉴赏 / 42
第三节　樱花与梅花在品种形态上的异同 / 68
第四节　樱花品种观赏价值的综合评价 / 70
第五节　精品樱花专类园的建立 / 71
第六节　常见栽培樱花品种的园林应用 / 80
第七节　早樱的园林观赏特点 / 81
第八节　常见樱花品种介绍 / 88

✿ 第四章　樱花栽培 / 110

第一节　养樱谚语和樱花六怕 / 110
第二节　樱花园12个月管理月历 / 111
第三节　樱花园选址与樱花栽植 / 115

第四节 樱花树的更新复壮 / 124

第五节 樱花盆栽管理 / 137

第五章 樱花繁殖 / 144

第一节 播种繁殖 / 144

第二节 扦插繁殖 / 145

第三节 嫁接繁殖 / 147

第四节 组织培养繁殖 / 169

第六章 樱花土壤与施肥 / 170

第一节 樱花土壤管理 / 170

第二节 樱花施肥管理 / 174

第七章 樱花整形与修剪 / 184

第一节 樱花树体结构 / 184

第二节 庭园中樱花的主要树形及其整形过程 / 185

第三节 樱花整形修剪时期与方法 / 189

第四节 不同树龄樱花、移栽樱花及放任樱花的修剪 / 190

第五节 垂枝樱整形与修剪 / 192

第六节 樱花修剪注意事项 / 195

第八章 樱花病虫害及防治 / 198

第一节 樱花病害及防治 / 198

第二节 樱花虫害及防治 / 206

第三节 樱花病虫害综合防治措施 / 214

第四节 樱花常用杀虫剂和杀菌剂 / 216

第九章 樱花欣赏与应用 / 219

第一节 樱花的园林应用与插花艺术 / 219

第二节 樱花专类园中的植物配置 / 238

第三节 不同季节樱花景观 / 256

第四节 樱花节 / 260

第五节 中国梅花与日本樱花 / 271

第六节 樱花的其他应用 / 272

第一章

樱 花 概 述

第一节　我国樱花栽培历史

虽然樱花在我国古代早有栽培，但"樱花"一词在典籍中并不多见。从有关文献资料中得知，我国古人对樱花与樱桃未予明辨，记述也较含混，这就给今人研究樱花栽培史带来了一些不便。如我国辞书之祖《尔雅》记载有"楔荆"；东汉《四民月令》有"羞以含桃，先荐寝庙"的记载；唐代孟诜《食疗本草》对樱定义"此乃樱非桃也，虽非桃类，以其形肖桃，故曰樱桃"；明代李时珍《本草纲目》也有"樱桃名樱"和"其颗如樱珠,故谓之樱"的记载。以上这些，应该指的均是樱桃。

樱桃在我国有近三千年的栽培历史。1965年我国考古工作者从湖北江陵战国时期的古墓中发掘出樱桃种子，经鉴定认为是中国古樱桃。可见我国樱的栽培应该起源于果樱（即樱桃）的栽培，因为我们祖先注重的是樱桃的食用价值。北魏贾思勰的《齐民要术》中对樱桃的栽培有这样的记述："二月初，山中取栽；阳中者，还种阳地；阴中者，还种阴地"，这说明我国古代劳动人民已掌握了一定的樱桃栽培技术。

正如与樱同科的我国传统名花梅花一样，古人也是先从果梅栽培开始，后来发展为千姿百态的花梅。我国当今有不少地方将樱桃中具有观花价值的品种作为观花栽培，常把这些观花樱桃作为观赏樱花的一个品系来对待，即将樱花分为果樱和花樱两大类。关于果樱，现在已有中国樱桃和洋樱桃之分。

虽然我国古籍中樱花与樱桃记述含混，但从有关文献中仍可窥见有关樱花栽培的踪迹。早在秦汉时期，樱的栽培已应用在成都的城市园林绿化中，如西汉杨雄《蜀都赋》云："被以樱、梅，树以木兰"，可见距今约两千年前，人们就已懂得将樱、梅、木兰这三种观花树木进行园林配植了。南朝宋时期的诗人王增达已观察到樱先花后叶的开花习性，其诗云"初樱动时艳，擅

藻灼辉芳，绌叶未开蕾，红花已发光"，从诗句可知，此樱是一株先花后叶的红色早花品种，幼叶为浅黄色。从唐代开始樱已普遍栽植于我国私家庭院中，以后历代均有种植，这可从历代文人墨客诗词歌赋中得到佐证。如唐代白居易诗云："亦知官舍非吾宅，且掘山樱满院栽，上佐近来多五考，少应四度见花开"以及"小园新种红樱树，闲绕花枝便当游"；刘禹锡诗云："樱桃千叶枝，照耀如雪天"；皮日休《夜看樱桃花》诗云："纤枝瑶月弄圆霜，半入邻家半入墙"。宋代王安石诗云："山樱抱石荫松枝，比并余花发最迟。赖有春风嫌寂寞，吹香渡水报人知"；晁补之诗云："樱花已晚犹烂漫，百株如雪聊可绕"；范成大《樱桃花》诗云："借暖冲寒不用媒，匀朱匀粉最先来"；王洋诗云："桃花樱花红雨零，桑钱榆钱划色青"。元代郭翼诗云："柳色青堪把，樱花雪未干"。明代于若瀛诗云："三月雨声细，樱花疑杏花"。从以上诗词中可以看出，古人题咏樱除以"樱花"为名外，还有以"樱桃花""樱桃""樱""朱樱""山樱"等为名的。现在大多数人认为，"樱花"一词最早出现在我国唐代诗人李商隐的诗句"何处哀筝随急管，樱花永巷垂杨岸"。

我国古代记载的"冬海棠""山海棠"这两种植物，从形态介绍上分析，可能就是樱花。如明代刘文征《滇志》云："红花者，谓之苦樱，或曰此即山海棠。"清代吴其浚《植物名实图考》云："冬海棠，生云南山中 …… 冬初开红花，瓣长而圆，中有一缺，繁蕊中突出绿心一缕，与海棠、樱桃诸花皆不相类。春结红实长圆，大小如指，恒酸不可食。"这冬海棠的花瓣"中有一缺"，与樱花花型的主要特征一致。清代阮元《咏山海棠诗》云："花似海棠，蒂亦垂丝者，则土人称为山樱桃，以其树可接樱桃故名"，这里说山海棠可以嫁接樱桃，可见两者的亲缘关系。

清代陈淏子《花镜》中将樱花称为"樱桃花"，其云："樱桃花有千叶者，其实少。""千叶者"，古时指重瓣花。重瓣花罕结实，所以此处无疑指的不是单瓣食用的樱桃，而指的是观赏重瓣樱花。从有关文献可知，我国古时就已有钟花樱、山樱、重瓣白樱花等多种樱花栽培。

中国近代树木分类学家陈嵘先生在其著作《中国树木分类学》（1937）中将"樱花"名称正式确立下来，沿用至今。

🌸 第二节　樱花在日本的发展

樱花遍布日本各大岛屿，且在国民中广受欢迎，因此被列为日本国花。由于樱花在日本栽植广泛且世界闻名，因此很多人误以为樱花原产于日本。其实，樱花的原产地不是日本，而是中国。应该这么说，樱花起源于中国，而日本使其发扬光大并享誉世界。

蔷薇科李亚科樱属(Cerasus)的植物分布广泛，北半球温暖地区、亚洲、欧洲至北美洲均有记录，多数种类分布于我国西部、西南部和东南部以及日本、朝鲜。我国野生樱资源丰富，据介绍，全世界有50多个野生樱基本种，中国就占有38种，其中29种为中国特有种，远远超过日本。我国野生樱花种从南到北均有分布，如黑龙江有大山樱、山樱、黑樱，浙江有早樱，湖北有华中樱，福建、台湾有钟花樱，云南、四川有冬海棠等。这些野生樱花资源大多处于深山中，是我国开发樱花观赏品种的宝贵资源。

日本的一本较具权威的樱花专著《樱大鉴》，就指出樱花原生于中国。书中认为：日本樱花最早是从中国的喜马拉雅山脉传过去的，至今几种原生于喜马拉雅的樱花还在日本生长，如乔木樱、绯寒樱等。喜马拉雅的樱花传往日本后，在日本樱花爱好者的精心培育下，品种不断增加，就形成了一个丰富的樱家族，出现了许多观赏性更强的樱花品种。由于云南樱花自古闻名天下，云南又与喜马拉雅地理位置很近，所以关于樱花起源的问题，日本还流传着这样一种传说：日本樱花的祖本是由僧人从云南带去的。

日本栽种樱花仅有千余年历史，所以也有很多中外学者认为，日本的樱花是日本从中国引进梅花时顺便引入的。在中国唐代，人们更喜欢梅花，所以日本人也学习此风。正是在此时期，樱花随着梅花、建筑、服饰、茶道、剑道等一并被日本使者带回了东瀛。

在日本奈良时代（710—794），说到赏花，指的主要就是梅花。到了平安时代（1151—1192），樱花取代梅花在日本广泛种植。那时日本就有八重樱和垂枝樱品种的栽培，不过欣赏樱花的只是上层阶级的部分人。直到江户时代（1603—1868），樱花才普及到平民百姓中，赏樱成为日本传统的民间风俗。在江户时代的元禄时期（1688—1703），日本开始将樱花园艺化。

日本近代植物学者三好学(1862—1939)，在日本有"樱花博士"之称，曾将日本的樱发展史划分为4个时期：

上古—奈良时代(710—794)，为野生种观赏时期；

中古—平安时代(1151—1192)，种植时期；

近古—江户时代(1603—1868)，品种形成时期；

近世—明治大正时代(1868—1925)，科学研究时期。

樱花品种在日本发展很快。如日本1681年出版的《花坛纲目》记载有樱花品种40个，19世纪初《花谱》中樱花品种就增加到234个。近百年来日本樱花品种发展更为迅速，至今已形成了丰富多彩的日本樱花品系，有记录的樱花品种就有340余个。

✿ 第三节　樱花的分类地位

樱花在植物学中的分类等级为植物界、被子植物门、双子叶植物纲、蔷薇目、蔷薇亚目、蔷薇科、李亚科、樱属。其中对于樱花所属"属"，笔者曾查阅很多的樱花书籍和文章，发现有很多种说法，有的说是李属，有的说是梅属（樱属），有的直接说是樱属。这样就给人一种混乱的感觉，不知哪个正确。

其实以上的说法均不算错，究其原因是因为参照的分类方法不同。

蔷薇科分4个亚科：绣线菊亚科、蔷薇亚科、苹果亚科（有的也称为梨亚科）、李亚科（有的也称为梅亚科），其中李亚科的主要性状为"单心皮，核果，单叶互生"。目前对于李亚科有2种分类方法，即大属分类法和小属分类法，具体分类如下：

大属分类法：

这种分类方法将李亚科分为一个大属，即李属，然后将李属再分为几个亚属，如李亚属（包括李、杏、梅）、扁桃亚属（包括桃与扁桃）、樱亚属、稠李亚属和桂樱亚属。

小属分类法：

这种分类方法将李亚科分为好几个属，如《中国植物志》第38卷将李亚科分为9个属，即扁核木属（*Prinsepia* Royle）、桃属（*Amygdalus* L.）、杏属（*Armeniaca* Mill.）、李属（*Prunus* L.）、樱属（*Cerasus* Mill.）、稠李属（*Padus* Mill.）、桂樱属（*Laurocerasus* Tourn. ex　Duh.）、臀果木属（*Pygeum* Gaertn.）、臭樱属（*Maddenia* Hook. et Thoms.）。本书中将樱属又分为2个亚属，即典型樱亚属（Subg. *Cerasus*）和矮生樱亚属〔Subg. *Microcerasus* (Koehne) Yü et Li〕，其中典型樱亚属分为9个组，矮生樱亚属分为2个组。

两百年来，世界上对于核果类的植物分类方法是分而复合，合而复分，各国植物学者始终存在两种不同意见，迄今尚未统一。

第二章
樱花植物学特征与生物学特性

对樱花进行科学合理的栽培管理，源于对其植物学特征与生物学特性的准确掌握。樱花植物学特征是指不同种类（或品种）的樱花各器官的形态特征。樱花生物学特性是指樱花的生长开花习性及其与环境的相关性。

🌸 第一节　樱花植物学特征

樱花为落叶乔木或小乔木，高 4 ~ 25 米，作为庭园栽培时一般高 4 ~ 10 米。其树皮暗栗褐色至灰色，光滑而有光泽，具横纹。小枝淡紫褐色，无毛，嫩枝绿色。幼叶在芽中为对折状，单叶互生，叶椭圆形或倒卵形，长 6 ~ 15 厘米，先端渐尖、锐尖或尾尖，叶缘有重锯齿，齿端有长芒。叶柄向阳面紫红色，并长有腺体，数量多为 1 ~ 3 个。花先叶开放或与叶同放，花瓣顶端内凹（即缺刻），有单瓣、复瓣、重瓣、菊瓣之分；花色通常为白、红、深浅不一的粉红，也有黄绿色的变种；花径 1.8 ~ 6.2 厘米，多数为 2.5 ~ 4 厘米；花瓣香或无香，花萼多筒状。花期 3 月或 4 月（武汉），各地花期随早春气温不同而变化。少数品种在秋冬可开花。果实红色或黑色，5 月或 6 月成熟（武汉），复瓣、重瓣、菊瓣品种多不结实，单瓣品种可结实（图 2-1、图 2-2）。

图 2-1　'大岛'结实状

图 2-2　'朱雀'结实状

樱花树体由根、枝、叶、花、果等不同器官组成，各器官都有自己独特的生长发育特征和形态结构。

一、根

1.根系的种类　樱花的根系按其来源不同可分为实生根和茎原根两类。播种繁殖的砧木苗，先长出胚根，然后发生侧根，这样形成的根系称实生根；扦插繁殖的樱花砧木，其根系是由插条基部的不定根形成的，这类根叫茎原根。

根据根系在土壤中的生长方向，可将樱花的根分为水平根和垂直根两类。水平根是向土壤四周生长的根系，起着扩大土壤营养面积的作用；垂直根是指向土壤深处生长的根系，主要有吸收土壤深层的水分、养分及固定树体的作用。一般播种繁殖的砧苗是由实生根形成的根系，垂直根较发达；而扦插繁殖的砧苗是由茎原根形成的根系，其水平根发育相对强健。

樱花根系按其发生部位不同可分为主根、侧根和不定根3种。主根是由樱花砧木种子的胚根发育而成的，其形态和机能与一般双子叶植物根系没有多大的差别。在主根上发生的分支，以及分支上再长出的分支叫侧根。从樱花干部萌生的根叫不定根。与其他树木相比，樱花树的不定根比较丰富，它对樱花的更新生长起着重要的作用。樱花根系主根不发达，主要由侧根向斜侧方向伸展。樱花根系一般较浅，主要集中分布在地表下5～60厘米的土层中，以20～25厘米土层为多。

2.影响根系结构和分布的因素

（1）砧木种类　樱花的根系分布及结构因砧木种类不同而有差异，例如草樱、青茎樱等砧木根系主干根和须根分布较浅，固地性较差，而毛把酸等砧木主根较发达，根系分布较深，固地性较好。

（2）砧木繁育方法　繁育方法不同，砧木根系的分布和结构不同。通过播种法繁育的砧木苗有比较发达的骨干根，尤其是垂直根，而其根系分布也比较广；通过扦插法繁育的砧木苗，垂直根一般不发达，但水平根的发育很强健，有大量须根，在土壤中分布较浅。

（3）土壤条件和管理水平　土壤条件和肥水管理水平也直接影响樱花根系的生长与发育。在土层深厚、通透性好、肥水管理水平较高的土壤中，樱花树的根量较多，根系分布范围广，垂直根生长也较深；反之，如果土层浅薄，肥水管理又差，则树体根量少，分布范围尤其是垂直根的分布范围也较小。另外，樱花与梅、桃、李、杏等核果类树木一样，根部对土壤缺氧很敏感。若土壤水分过多或地下水位较高造成土壤中氧气不足，那么将严重妨碍根系的正常呼吸作用，引起烂根或根癌病，并引起地上部分流胶，严重时导致树体衰弱死亡。樱花根癌病的发病率远高于梅、桃、李、杏等核果类树木。

3.根系的作用

（1）固定树体　根系深入土壤，固着土壤，是固定树体的基础。

（2）吸收土壤中的水分和营养　这是根系最重要的生理功能。根系在吸收土壤水分的同时，也将溶解于水中的各种营养元素吸收到根里，然后将水分和营养元素向上输送到树体的各部分。

（3）合成有机养分　根系有一定的合成作用，它可以将无机态的氮和磷初步合成为有机态的氮和磷，而且根系还可以合成某些激素和酶等生理活性物质。

（4）贮藏有机养分　根系能将一部分自身合成的含氮有机物及叶片合成的碳水化合物贮藏起来。这些贮藏营养对于维持樱花年周期正常的生长开花有着十分重要的作用。

（5）繁殖和更新植株　可利用樱花根进行扦插和嫁接繁殖，例如有些樱花砧木可由根段扦插繁殖而来；在樱花切接繁殖中，根可以作为砧木进行切接，成活率也较高。

二、枝

樱花枝条按其性质可分为发育枝和花枝两种。不同龄期的樱花树，其发育枝和花枝比例不同：幼树发育枝占优势，而成年树的树势趋于平衡，营养生长逐渐减弱，抽生的发育枝也相对少些。

1.发育枝　又名营养枝、生长枝。当年长出、生长势过于旺盛的生长枝又称为徒长枝。发育枝的顶芽和各节位上的侧芽均为叶芽，没有花芽。叶芽萌发抽枝，是形成骨干枝、扩大树冠的基础。樱花幼树和生长势强的成年树抽生发育枝的能力较强，生长势弱的树体和衰老树的树体抽生发育枝的能力较弱。

2.花枝　按其长度可分为混合枝、长花枝、中花枝、短花枝和束状花枝五种类型（图2-3）。

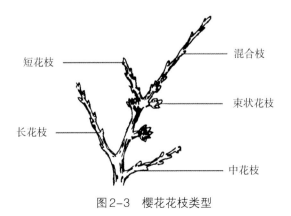

图2-3　樱花花枝类型

混合枝：由发育枝转化而来，一般长20厘米以上。混合枝仅基部3～5个侧芽为花芽，其余均为叶芽，所以混合枝具有开花和扩大树冠的双重功能。

长花枝：一般长15～20厘米，除顶芽及其邻近几个腋芽外，其余均为花芽。在幼年的樱花树上，长花枝占有较高的比例。

中花枝：一般长5～15厘米，除顶芽为叶芽外，其余均为花芽。

短花枝：一般长5厘米左右，除顶芽为叶芽外，其余均为花芽。短花枝上的花芽发育质量较好。

束状花枝：是一种极短的花枝，一般长1厘米左右。幼年的樱花树上束状花枝很少，进入成年才逐渐增多。

樱花树上各类花枝的数量和比例与品种、树龄、树势等有关。'染井吉野'樱花成年树上中、长花枝较多；'大岛'樱花的树形及树态有点似果树，其果实味道也好于其他观花品种的樱花，其成年树上的花枝以中、短花枝为主。'关山'樱花成年树在树体营养状况好时，中、长花枝较多，在营养状况差时，中、短花枝及束状花枝较多；另外，衰老树的短花枝和束状花枝的比例要大于健壮树。

三、芽

樱花的芽离生，芽体与其着生的枝条间夹角较大，芽尖与枝条分离，这一特点对苗木运输和栽植很重要，因为在操作过程中容易将芽碰落，造成光秃带。

樱花的芽根据着生部位分为顶芽和腋芽（或称侧芽）；按性质分为叶芽和花芽。花芽开花、结果，叶芽展叶、抽枝（图2-4）。

图2-4 '八重红樱'的短花枝上顶芽为叶芽，腋芽为花芽

通常樱花顶芽都是叶芽，而腋芽中既有叶芽也有花芽，因枝龄和枝条的生长势不同而异。幼树或旺树上的腋芽多为叶芽，成龄树和生长中庸或偏弱枝上的腋芽多为花芽；一般中短枝下部5～10个腋芽多为花芽，上部腋芽多为叶芽。

1.叶芽　叶芽是抽生枝梢、扩大树冠的基础。顶叶芽具有较强的顶端优势，外形大于侧叶芽，其作用是抽生枝梢，形成新的侧芽和顶芽。侧叶芽的大小、形态及作用因樱花的生长时期、枝条类型、品种特性和着生部位不同而有差异。在幼龄树发育枝上，上部侧叶芽长而粗，基部的侧叶芽短而细。幼龄树侧叶芽较多，随着树龄的增长，开花量增多，侧叶芽会逐渐减少。

枝条侧叶芽多少与枝条类型有关。发育枝侧叶芽多，长花枝中上部侧叶芽多，短花枝和束状花枝的侧芽几乎为花芽，很少有侧叶芽形成。另外，成枝力强的品种侧叶芽多。

樱花的叶芽常具有早熟性，在生长季节摘心、剪梢可促发副梢。在整形上可以利用这一特性对樱花幼年树的旺枝进行多次摘心，以达到迅速扩大树冠和加速成型的目的。樱花叶芽的早熟性还表现为部分叶芽当年能萌发，出现二次生长现象，这也为树体整形和幼树迅速生长提供了有利条件。但是在成年樱花树上秋天二次萌发的芽（即秋梢），对樱花生长和开花是不利的（图2-5）。这是因为秋梢不仅消耗了树体为来年开花贮存的营养，而且还会使树体遭受冻害，所以在樱花栽培管理中应尽量减少秋梢的发生。

图2-5　'染井吉野'成年树萌发的秋梢

樱花在同一枝条不同节位上芽的质量不同，其萌发能力和生长表现也不相同，这就是芽的异质性。应利用芽的异质性进行修剪。发育枝基部的芽小而瘪，如果剪口留在瘪芽上，那么发出的枝条生长势弱。所以应将剪口留在发育枝中上部饱满的芽上，这样发出的枝条粗壮而有生机。

樱花枝干上的潜伏芽是骨干枝和树冠更新的基础，其寿命因樱花种类和品种的不同而异，往往可以维持5～7年甚至更长。有些枝干上的潜伏芽早春萌发后，第二年春季还可以开花（图2-6）。

'十月樱'　　　　　　　　　　　　　　'染井吉野'

图2-6　樱花枝干上的潜伏芽早春萌发后，第二年春季还可以开花

2.花芽　樱花花芽形状有卵圆形的，也有细长形的，花芽形状可能与叶形有一定的相关性。如'初美人'品种的叶片为卵形，其花芽形状为卵圆形；而'寒绯樱'品种的叶片为窄椭圆形，其花芽形状则较细长。

樱花的花芽为纯花芽，只能开花，不能抽枝展叶。花谢后，该节点呈光秃状。每个花芽发育成一个花序，每个花序开1～5朵花，多数为2～3朵花。花芽中花朵的数量因品种而异，例如'染井吉野'多为3～5朵一束，'八重红枝垂'多为1～3朵一束。不仅如此，花芽中花朵的数量还与樱花树体营养水平有关。同一品种，在树体营养水平高时，花芽中花朵的数量就多，反之就少。通过观察花芽中花朵的数量可以初步判断樱花树体营养水平的高低。例如，如果'染井吉野'樱花树今年5朵一束的花序很少，那么可以初步判断这株'染井吉野'树体营养水平较低，应加强肥水管理。

樱花的侧芽大多为单生芽，也有一些品种出现并生芽（即复芽）现象，如'云南早樱'（图2-7）、'冬樱'、'鹎樱'、'大寒樱'、'寒绯樱'、'松月'、'雨情垂枝'等。笔者观察到，并生芽有两芽并生和三芽并生。两芽并生有两种类型：一种是一个花芽和一个叶芽并生，另一种是两个花芽并生。三芽并生

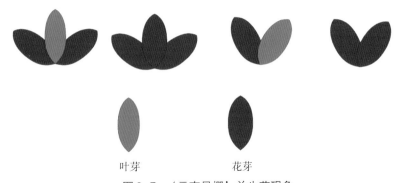

叶芽 　　　　　花芽

图2-7 '云南早樱'并生芽现象

也有两种类型，一种是由两个花芽和一个叶芽并生，另一种是由三个花芽并生。'飞寒樱'、'大寒樱'品种的侧芽有两芽并生现象，'云南早樱'、'冬樱'、'松月'品种的侧芽有两芽和三芽并生的现象。有的植物分类书籍将樱属植物的腋芽单生和三芽并生的现象作为分类的特征之一，如根据芽的着生情况将樱属植物分为两亚属，即樱亚属和矮生樱亚属：腋芽单生，花芽或叶芽的，为樱亚属；腋芽三芽并生，中间为叶芽，两侧为花芽的，为矮生樱亚属。

樱花侧芽的特性决定了枝条修剪的特殊性，故修剪时必须认清花芽和叶芽，注意短截部位的剪口芽必须留在叶芽上，若有疏忽则易发生空膛现象。

四、叶

樱花的叶色可分为幼叶色和成叶色两种。幼叶色区分明显，而成叶相对不明显。樱花春季萌发幼叶的叶色随品种而异，有绿色、黄色、褐色、红色等（图2-8）。绿色的有'大岛'、'千里香'、'松月'等，黄色的有'大芝山'等，褐色的有'内里樱'、'大提灯'、'仙台屋'等，红色的有'关山'等。人们常

'关山'

'松月'

'矮枝垂'

'雨情垂枝'

'内里樱'

'横滨绯樱'

'普贤象'

图2-8　不同樱花品种春季萌发幼叶的叶色

　　将樱花春季萌发嫩叶的颜色作为樱花分类的一个很重要的性状之一。随着叶片的生长，樱花成熟叶片大部分会变为绿色。

　　樱花成熟叶的叶表面和叶背面颜色都会有所区别，叶表面的叶色一般深于叶背面，并具有光泽。叶片的大小与品种、着生枝条的类型及树体营养有关。例如'内里樱'、'日本早樱'的叶片较小，一般长6～11厘米；'阳光樱'、'飞寒樱'的生长势强，叶片较大，长可达15厘米。同一品种不同的枝条类型，其叶片的大小也不同，一般着生在短花枝的叶片较小且大小差异较大，而发育枝、长花枝上的叶片较大。在进行樱花品种性状记载时，一般选取发育枝上的叶片进行登记。另外，树体营养状况好的叶片均大于树体营养状况较差的叶片。

　　樱花的叶形因品种而异，有窄椭圆形、椭圆形、宽椭圆形、卵状椭圆形、卵形、倒卵状椭圆形、倒卵形、宽倒卵形等。如'寒绯樱'的叶为窄椭圆形叶，较一般品种的叶片窄一些；'初美人'的叶偏卵形；'启翁樱'的叶倒卵形。不管叶片大小和形状如何变化，一个樱花品种叶的长宽比还是相对稳定的，可作为品种鉴定的参考（图2-9）。

　　樱花叶片先端有锐尖（急尖）、渐尖、尾尖等，普遍认为进化趋势是从锐尖→渐尖→尾尖发展的。

　　樱花叶片基部有楔形、钝形、圆形、心形等。在叶基部或叶柄上部常长有若干蜜腺体，在生长旺盛季节蜜腺体能不断地向外分泌透明的蜜汁，以后随着蜜腺体的老化，蜜汁的排出量也逐渐减少，直至停止。有人认为腺体的颜色与其果实的颜色有一定的相关性（对结实品种而言）。叶柄蜜腺体的数量因品种而异，一般1～3个，多的可达6个，如'梅护寺数珠挂樱'（图2-10）。

叶的正面　　　　　　　　　　　　　　　叶的背面

1. '山樱'　2. '飞寒樱'　3. '御车返'　4. '普贤象'　5. '关山'
6. '大岛'　7. 染井吉野　8. '寒绯樱'　9. '云南早樱'　10. '初美人'

图2-9　不同樱花品种的叶形

'关山'　　　　　'普贤象'　　　　　'染井吉野'　　　　'梅护寺数珠挂樱'

图2-10　不同樱花品种的叶部腺体

　　樱叶叶缘锯齿有深有浅，锯齿类型有单锯齿、重锯齿、混合齿、缺刻状重锯齿等，锯齿形状有芒状、尖锐、圆钝等，锯齿先端常有腺体或无。

　　樱叶托叶形状有卵形、披针形、线形、叶状等，托叶边缘有锯齿或全缘，分歧或不分歧，锯齿边缘有腺体或无，托叶一般脱落（偶有宿存）。樱叶托叶

13

形状可作为鉴定品种的参考。

许多分析结果表明，樱花叶片中含有多种大量和微量营养元素，这些营养元素与樱花树体生长开花有着密切的关系。不同部位的叶片其营养元素含量常有显著的不同，树冠顶部叶片的钾、钙、锌、锰、硼和铁的含量少于树冠下部叶片，而中部叶片含有较多的磷和少量的镁。

樱花不仅是一种优秀的春季观花树种，还是一种很好的色叶树种（图2-11）。到了秋天，'染井吉野'、'关山'等樱花品种的秋叶色彩十分美丽，'染井吉野'的秋叶先为橙红色，后可变为红色，其叶色可与红枫媲美（图2-12）；'关山'的秋叶为橙黄色，其叶色可与银杏媲美（图2-13）。樱花与其他的大多数秋季色叶树种一样，需要秋高气爽的气候，并且对秋季温差的要求较高。如果秋季气候条件适宜，加上樱花保叶工作做得好，那么可欣赏到蔚为壮观的樱花秋叶景观，否则秋叶景观难得遇见。

图2-11　樱花还是一种很好的色叶树种

图2-12　'染井吉野'的秋叶

图2-13 '关山'的秋叶

五、花

樱花花蕾的形状和颜色随品种不同而异，或红或粉，或圆或椭圆，子房外露或不露等（图2-14）。花瓣颜色较丰富，有白、红、粉红、黄绿等。花色是樱花一个非常重要的分类依据，在园林观赏中特别有应用价值。

'云南早樱'　　　　'启翁樱'　　　　'寒绯樱'　　　　'飞寒樱'　　　　'初美人'

图2-14 樱花花蕾的不同形状

樱花的花为子房下位花，由花柄（花梗）、萼筒、花萼、花瓣、雌蕊和雄蕊等组成（图2-15），其中花柄由大花柄和小花柄组成。有的樱花品种无总梗。

图2-15 樱花的花器官结构

15

樱花具有明显的蔷薇科核果类树木的特点，单瓣花是其最原始的类型，原始类型花器官的特点是：花瓣、萼片均为5枚，雄蕊30～40个，雌蕊1个，雄蕊高度与雌蕊高度相近。现今丰富多彩的樱花品种是从原始品种进化而来，樱花的进化方向普遍认为如下：

花瓣数：单瓣→半重瓣→重瓣→菊瓣；

花瓣先端形状：圆钝→两裂→啮齿状；

花瓣基部形状：楔形→钝形→平截→圆形；

萼筒形状：长萼筒→短萼筒→萼筒极短或不明显；

花序类型：总状花序→伞房花序→伞形花序。

樱花品种十分丰富，可谓形态万千。下面就樱花花瓣的单重性、花瓣大小、雄蕊变瓣和雌蕊叶化现象、花瓣形状、花萼形状、花序类型等方面加以介绍。

1.花瓣单重性

单瓣樱花：花瓣5片。如'初美人'、'染井吉野'等。

复瓣樱花：即半重瓣樱花。花瓣5～10片。如'横滨绯樱'、'御车返'等。

重瓣樱花：花瓣11～100片。如'关山'、'松月'等。

菊瓣樱花：也称菊樱、千重瓣樱花。花瓣一般100片以上，有的甚至可达300片。菊樱的花，其中央常分两层开放，日本称之为"两段开"，如'兼六园菊樱'、'雏菊樱'等，其中'兼六园菊樱'的花瓣多达300片，据说是菊樱中花瓣最多者。

2.花瓣大小

小轮：花的直径小于2.5厘米。如'日本早樱'、'小彼岸'等。

中轮：花的直径为2.5～3.5厘米。如'寒樱'、'八重红枝垂'等。

大轮：花的直径大于3.5厘米。如'关山'、'杨贵妃'等，其中'关山'的花径可达6.2厘米。

3.雄蕊瓣化和雌蕊叶化现象（图2-16）　雄蕊瓣化即雄蕊变化为花瓣，

正常花　　　　　　　　雄蕊瓣化　　　　　　　　雌蕊叶化

图2-16　雄蕊瓣化和雌蕊叶化现象

其瓣化的花瓣也称为"旗瓣"（图2-17），'御车返'、'白妙'等品种雄蕊瓣化现象明显；雌蕊叶化即雌蕊变化为小叶片，'一叶'、'普贤象'等品种雌蕊叶化现象明显。'关山'品种花大色艳，其雄蕊瓣化和雌蕊叶化现象均明显。

图2-17　樱花的"旗瓣"

4.花瓣形状

窄长瓣：窄长，瓣先端尖，如'日本早樱'。

椭圆瓣：瓣型为椭圆形，如'飞寒樱'、'红鹤樱'。

卵圆瓣：瓣型为卵圆形，如'初美人'、'河津樱'、'太白'。

5.花萼形状　植物学上将花萼合生的称为合萼，其中下面合生的部分称萼筒，上部未合生的部分叫萼裂片（简称为萼片）。樱花大多数品种的花萼为合萼（如'八重红枝垂'、'染井吉野'、'大岛'等），仅有少数品种的花萼不为合萼（萼筒极短或不明显），如'雨情垂枝'、'雏菊樱'、'妹背'等（图2-18）。

'八重红枝垂'为合萼

'雨情垂枝'不为合萼

图2-18　樱花花萼形状

樱花萼筒和萼裂片的形状较稳定，是鉴定品种的重要依据之一。樱花萼筒有长有短，形状有壶形、钟状、管状、漏斗状等；萼裂片的形状有披针形、长卵状三角形、卵状三角形、宽卵状三角形、菱状卵形等。萼裂片有无锯齿是一个相对稳定的形状，可作为品种鉴定的参考。

从萼片数量上，樱花花萼有单萼和复萼之分，单萼为一层萼片，萼一般只有5片（如图2-18中，'八重红垂枝'和'雨情垂枝'均为单萼），而复萼是在萼片根处生有瓣化的副萼片，复萼一般有6～10片。樱花大多数品种为单萼，仅有少数品种为复萼，如'梅护寺数珠挂樱'、'妹背'（图2-19）等。

'梅护寺数珠挂樱'　　　　　　　　　　　　'妹背'

图2-19　复　萼

6.花序类型　樱花每个节点的花芽一般可以开1～5朵花，组成一个花序。樱花花序主要为总状花序、伞房花序、伞形花序三种类型。蔷薇科植物花序的进化方向是由复杂到简单。总状花序较为原始，伞形花序较为进化，但伞房花序和伞形花序并不十分典型，存在着大量的总状花序向伞房花序或向伞形花序过渡的中间类型（可以称为近伞形花序或近伞房花序），甚至在同一株樱花树上可以同时看到几种不同形状的中间类型花序。典型的总状花序、伞房花序、伞形花序形状如图2-20所示。

总状花序　　　　　　　　　伞房花序　　　　　　　　　伞形花序

总状花序（'青茎樱'）　　伞房花序（'普贤象'）　　伞形花序（'初美人'）　　伞形花序（'启翁樱'）

图2-20　樱花的花序

总状花序：花有梗，排列在一个不分枝的较长花轴上，能继续增长。如'青茎樱'的花序。

伞房花序：花有梗，排列在花轴的近顶部，下边的花梗较长，向上渐短，花位于一个近似的平面上。如'普贤象'的花序。

伞形花序：花梗等长或不等长，均着生于花轴的顶端。如'初美人'和'启翁樱'的花序。

另外，着生于花梗基部的苞片随品种不同形态变异较大。苞片主要形状有椭圆形、倒卵状椭圆形、叶状、扇形等，颜色有绿、红绿、紫红等，腺体有或无。

六、树形

櫻花根据园林用途的不同，其树形既可培育成乔木型，也可培育成小乔木型。乔木型樱花树体高大，生长势旺，顶端优势强，干性强且层性明显，如'染井吉野'、'变大岛'、'手弱女'、'仙台屋'、'八重红枝垂'、'重瓣早笑'、'白妙'、'太白'、'一叶'等，多栽植在空旷的园林场所或作为行道树；小乔木型樱花树体矮小，生长势中庸，干性较弱且层性不明显，如'御车返'、'松月'、'高砂'、'鸳鸯樱'等，多栽植在有限的园林空间中或作群植景观。

不同品种樱花，其枝条分枝生长角度及其空间配置状态差异较大，就形成了不同的树冠形状。根据樱花枝条的分枝生长角度，可以将樱花树分为五种基本树形（图2-21）。

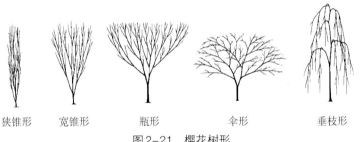

狭锥形　　宽锥形　　瓶形　　伞形　　垂枝形

图2-21　樱花树形

狭锥形（扫帚形）：分枝角度小于30°，如'扫帚樱'等。

宽锥形：分枝角度小于45°，如'大提灯'等。

瓶形：分枝角度小于60°，如'初美人'等。

伞形：分枝角度小于90°，如'松月'（图2-22）、'普贤象'（图2-23）等。

垂枝形：枝条下垂生长，如'八重红枝垂'等。

图2-22 '松月'树形

图2-23 '普贤象'树形

　　树形是樱花一个比较稳定的性状。外界环境可以影响它的大小，但较难改变它的形状。每一品种树形基本是稳定不变的，在形态分类上可作为一个重要的分类依据。

❀ 第二节　樱花生物学特性

一、樱花生物学特性调查

樱花生物学特性调查一般包括以下四个方面的内容。

1.物候期　主要包括萌动期、初花期、盛花期、落花期、新梢生长期、新梢停长期、花芽分化期、落叶和休眠期等。物候观测记录的年代愈久，价值愈高，从中研究分析得出的规律愈可靠。据说迄今世界上最长的单项物候记录为日本的樱花开花期记录，据说这项记录开始于公元812年，至今已长达1 200余年。

2.生长习性　①树体：包括树高、冠径、干径、骨干枝结构等。②根系的生长及分布：包括各类根的比例和粗度，根系在年周期中的生长动态等。③枝条生长特性：包括芽的发枝力和成枝力，以及各类花枝所占比例等。

3.开花习性　①芽和花的构造及开花特性。②花芽分化的时期和规律。③花期与早春温度的关系。

4.立地条件　①气象因素：包括年平均温度、生物学积温、年平均降水量等。②土壤条件：包括土层厚度、土质类型、土壤有机质含量、土壤pH、土壤肥力、地下水位、保水性、透水性等。③地势、地貌等。④樱花在当地的抗逆性：包括抗寒力、抗旱力、抗涝力、抗病力等。

二、樱花生长发育周期

樱花生长发育周期分为生命周期和年生长周期。樱花从种子（或嫁接的接芽）萌发形成新的个体直至植株死亡的过程叫做樱花的生命周期。樱花树在一年中经过萌芽、开花、结实（部分樱花品种结实）、落叶和休眠的过程，称为年生长周期。

1.樱花生命周期　樱花的寿命长短与品种、砧木、立地条件、管理水平等有很大关系，一般50～70年，如日本国内'染井吉野'的寿命一般是以60年为限。我国长寿樱较少，日本长寿樱较多，如日本山梨县巨摩郡武川村大字山高富相寺院内'高神代樱'的树龄据说已有1 800多年，福岛冈林郡三青町的'垂枝樱'的树龄也长达780年。樱花从定植到衰亡，大体经历幼树期、成年期、衰老期三个阶段。

（1）幼树期　一般指从种子（或嫁接的接芽）萌发形成新的植株，到最初开花的这段时期，也叫营养生长期。生长旺盛是樱花幼树期生长的主要特点，此时营养生长占绝对优势。这一时期樱花树不断加长加粗，年生长量大，树体的营养物质几乎均用于树体营养器官的构造，这一时期的关键任务是培养树形。

（2）成年期　成年期的樱花要经历初花期和盛花期两个时期。随着樱花树龄的增长，其根系、树冠不断扩大，枝的级次也不断增加，其生理代谢发生了转化，开始由营养生长转入生殖生长，最显著的变化是植株开始开花，最初的着花率不是很高，此时为樱花树的初花期，一般经过1～3年后达到樱花树的盛花期。

樱花生命周期中的盛花期是樱花观赏的主要时期，这一时期樱花树冠和根系都扩展到最适程度，生长和开花趋于平衡，每年着花率高而稳定，开花时节可谓满树繁花。

（3）衰老期　是指从植株开始衰老至全株死亡这段时期。如‘染井吉野’树龄超过50年后，长势衰退逐渐明显。

随着樱花树龄的不断增长，树体机能逐渐衰老，枝条生长衰弱，根系开始萎缩，冠内、冠下部开始有枝条枯死，着花率日益下降。伴随着各种器官和组织功能的逐渐衰退，最后全株死亡。

在栽培管理上，应加强樱花肥水管理，利用更新复壮技术，尽量推迟樱花衰老期的到来。

2.樱花年生长周期　总体上分为生长期和休眠期两个阶段。一年中从萌芽、开花、抽枝、生根等到落叶都属于生长期，从落叶到再度萌芽这段时间称为休眠期（图2-24）。

掌握樱花年生长周期规律，可为樱花进行周年管理提供科学的依据。樱花年生长周期随种植环境及品种不同而有一定差异，下面以武汉樱花为例加以介绍。

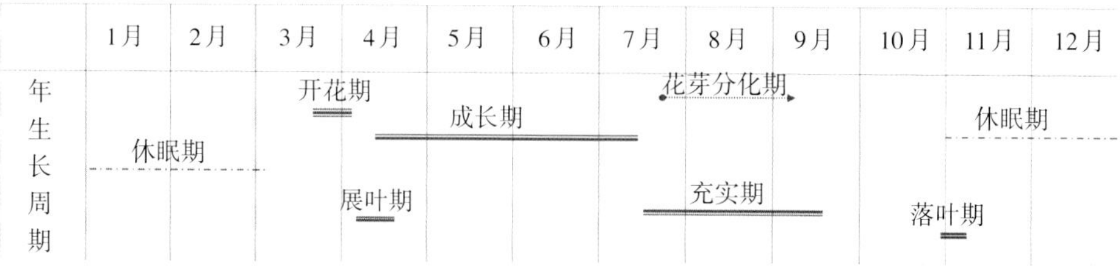

	1月	2月	3月	4月	5月	6月	7月	8月	9月	10月	11月	12月
年生长周期	休眠期		开花期		成长期			花芽分化期			休眠期	
			展叶期					充实期		落叶期		

图2-24　‘染井吉野’年生长周期图（武汉）

（1）萌芽与开花　樱花的芽经过自然休眠后，必须经过一定的低温阶段才能解除休眠进入正常的萌芽开花过程。一株樱花树上叶芽和花芽谁先萌动随品种而异，先花后叶的樱花品种（如‘飞寒樱’、‘染井吉野’等），其叶芽萌动一般比花芽萌动晚3～6天。开花期间虽然叶芽有少许萌动，但萌动较慢，花谢后才迅速萌动抽枝；花叶同放的樱花品种（如'关山'、'普贤象'等），其叶芽和花芽的萌动几乎同时。

以先花后叶的早花品种'飞寒樱'为例。武汉'飞寒樱'的花芽萌动一般在1月下旬至2月上旬，初花期一般在3月上旬至中旬。笔者观察到，2015年1月22日'飞寒樱'花芽开始萌动（即花芽复苏），2015年3月6日'飞寒樱'进入初花期。2015年'飞寒樱'从花芽复苏到初花期历时43天。花芽复苏时间的早晚，早樱、中樱、晚樱差别很大，一般早樱复苏得早，晚樱复苏得晚；从花芽复苏到初花所需的时间长短与萌动期间气温高低有很大关系，气温高时时间短，气温低时时间长。

樱花按花期分为早樱、中樱、晚樱及多期樱。在武汉，樱花花期前后可相差一个余月。武汉东湖樱花园每年均以中花品种'染井吉野'盛开时为赏樱盛期。在'染井吉野'盛开时，早樱一般已长叶，而晚樱还是花蕾状态（图2-25）。武汉东湖樱花园2015年樱花花期记载数据为：早花品种'初美人'2月20日初开，中花品种'染井吉野'3月21日初开，晚花品种'关山'3月31日初开。

图2-25　'染井吉野'盛开时，早樱一般已长叶，而晚樱还是花蕾状态

（2）新梢生长（图2-26、图2-27） 先花后叶的樱花，在花近谢时，叶芽开始萌动进入新梢生长期（图2-28、图2-29）；花叶同放的樱花，在叶芽萌发后1周左右为新梢的初生长期，开花期间生长较慢，花谢后进入迅速生长期。

图2-26　樱花长叶抽枝状

图2-27　垂枝樱长叶抽枝状　　　　　图2-28　'阳光'在花近谢时，叶芽开始萌
　　　　　　　　　　　　　　　　　动进入新梢生长期

开花状　　　　　　　　　　　　　　　　新梢生长状

图2-29　'初美人'开花状和新梢生长状

　　樱花幼树的新梢生长可持续到6月底至7月初。关于新梢年生长量，幼树期樱花和生长旺盛的樱花一年可达30～60厘米；成年期樱花的树势趋于稳定，新梢生长逐渐减弱，新梢年生长量一般在20厘米左右。新梢停长后进入雨季，其新梢可能还会有第二次甚至第三次生长。

　　樱花新梢停止生长时间的早晚随品种不同而有一定差异：有的品种新梢停止生长早，如'御车返'等；有的品种新梢停止生长晚，如'雨情垂枝'等。新梢年生长量过大而停止生长过晚，会影响其花芽分化，也会造成枝条发育不充实而易在秋冬季节遭受冻害。因此，在冬季寒冷地区进行樱花栽培，应注意控制新梢的过度生长。

　　（3）花芽分化　　花芽分化是芽内生长点在适宜的条件下发生质变而形成花芽的一系列过程。樱花的花芽分化具有分化时期集中、分化过程迅速的特点。樱花花芽分化属于夏季分化类型（即花芽分化是在开花的前一年夏季进行），其特点为：在气温超过25℃时进行花芽分化；入秋休眠，次年早春开花；花芽在一年内只分化一次。

　　成年期樱花的叶芽和花芽在形成的初期并没有明显区别，但在以后的发育过程中，由于受到营养状况和其他因素的影响，一部分芽形成叶芽，而另一部分芽则转化为花芽，从而出现性质和构造截然不同的两种类型的芽。

　　花芽分化需要三个基本条件：①新梢生长基本停止，芽内生长点细胞呈微弱的分裂状态，分裂速度过快或分裂停止均不能形成花芽。②在生长点细胞内，具有一定类型和数量的营养物质积累，蛋白质趋于合成状态。③适宜的环境条件，如温度适宜、土壤较干燥、光照充足等。一般干旱年份的花芽分化要早于多雨年份的花芽分化。

　　樱花花芽分化的早晚与新梢停止生长早晚关系较大。樱花一般在春梢停止生长10～15天开始进行花芽分化，其分化期大致可分为苞片形成期、花序原基形成期、花萼分化期、花瓣分化期、雄蕊分化期和雌蕊分化期等。

　　樱花花芽分化一般从7、8月份开始，9月中旬形成雄蕊原基，到初冬休眠前，樱花的花芽一般分化到雌蕊分化期。虽然在夏秋间樱花花芽分化的形态分化基本完成，但花器官的发育能一直持续到翌年春天。在春天花芽萌动时，花药中的分生细胞开始延长并形成花粉，至此花芽分化才可以说最后完成。

　　为了促进花芽分化，应在花芽大量分化期加强肥水管理，以保证花芽分化的营养需要。

　　（4）落叶和休眠　　在武汉，樱花的正常落叶期一般在11月上中旬，影响樱花落叶早晚有四个因素：①每年落叶的先后次序随品种而异。如在武汉，'日本早樱'、'大岛'等每年落叶较早一些，'初美人'、'寒绯樱'、'启翁樱'、'飞寒樱'、'内里樱'等每年落叶较晚一些，其中'初美人'落叶最晚。如

2015年12月中下旬，武汉其他樱花品种几乎全部落叶，但'初美人'还是满树叶片，在樱花园内显得格外抢眼（图2-30）。'初美人'与同一树龄的其他品种樱花树相比，长得要粗壮得多，这应该与其每年落叶时间晚有一定的关系。②同一品种不同植地环境，其落叶先后也不同。如2005年11月25日，笔者观察武汉东湖樱花园内种植两处的'染井吉野'樱花，一处秋叶全落，一处秋叶正红。③一般充分成熟的枝条落叶适时，而幼树或不成熟的枝条落叶则较迟。④栽培管理也影响樱花的落叶早晚，如在夏季进行遮阴保护的樱花树，秋季落叶要晚一些；在管理粗放的情况下，往往由于病虫和旱涝灾害而引起提前落叶，这种不正常的落叶对树体发育和安全越冬以及翌年开花量都有不良影响，所以应加强管理，尽量保持樱花树正常落叶。

图2-30　其他樱花品种几乎全部落叶，但'初美人'还是满树叶片
（2015年12月17日拍摄）

樱花落叶后即进入休眠期。樱花自然休眠期一般为80～100天，树体进入自然休眠期后需要一定的低温量，才能解除休眠进入萌芽开花期。这种解除休眠所需要的低温时间和强度称为植物的"需冷量"或"低温需要量"。樱花需冷量的值依品种而异。

三、樱花根系年生长特点

了解樱花根系在一年中的活动规律，可以为樱花根系的促控管理提供理论依据，以保持樱花树体地上部分和地下部分的生长平衡。

樱花休眠期间，虽然树体地上部分生长发育停止，但其根系基本没有休眠。造成根系停止生长的主要条件是低温，在0.5℃以上的温度条件下，樱花根系就能不断地生长。

樱花根系和新梢在一年中是交替生长的。在武汉，樱花的根系从1月上旬至3月上中旬进入第一次生长高峰期，在这段时间内樱花根系生长为地上部分开花、抽枝、展叶提供了必要的水分、养分和各种生长素。这次生长高峰发根较多，但时间较短，主要依靠上年贮藏的营养。4月中旬之后，随着新梢加速生长，根的生长转入低潮。6月底至7月初，由于叶面积大，同化效能高，并且新梢大多停止生长，对养分的消耗减少，大部分养分开始回流到根部，使根系又开始第二次生长高峰。但随着花芽分化或秋梢生长，地上部消耗养分增多，根系生长又转入低潮。8月上中旬或9月上中旬，花芽生理分化基本结束，叶片所制造的养分大部分又回流到根部。所以在10月中旬至11月中下旬，根系又出现第三次生长高峰，直到地温急剧下降不适宜根系活动时才停止生长。

樱花的根颈是根系与地上部的交通要道，在一年中开始活动最早，停止生长最迟，进入休眠期也最晚。所以，应给与根颈部特别的保护。

根深才能叶茂。要使樱花根系生长良好，我们不仅要了解根系的活动规律，而且还要知晓影响根系生长的主要因子。

（1）树体的有机养分　根系生长与地上部分的生长是相辅相成的，根系的良好生长也依赖于树体地上部分供给的碳水化合物。

（2）土壤温度　各种树木根系生长所要求的温度不同，樱花根系生长最适宜的土壤温度是14～26℃，高于30℃或低于1℃时根系生长缓慢或停止。

（3）土壤水分与通气状况　樱花根系生长既要求充足的水分，又需要良好的通气环境，土壤干旱和土壤水分过多都会对樱花根系产生重大影响。土壤干旱，轻则引起根的木栓化，降低根系生理机能，重则引起根系死亡；土壤水分过多，则通气不良，根系在缺氧情况下不能正常进行呼吸作用和其他生理活动，严重时可导致根系腐烂、死亡。

（4）土壤营养　土壤营养状况好，氮、磷、钾及其他微量元素含量丰富，根系的生长发育就好。根系具有趋肥性，在肥沃的土壤里，根系发达，细根多，生长时间长；相反，在瘠薄土壤中，根系瘦弱，细根稀少，生长时间短。

四、树体贮藏营养的作用

在一定时期内贮存于树体内的营养物质，称作贮藏营养。樱花树体贮藏营养对樱花的生长发育有着至关重要的作用。樱花积累贮存的营养物质大多是以淀粉为主的碳水化合物，其次有蛋白质和脂肪等。这些营养物质贮存于皮层、木质部薄壁细胞和髓部。

樱花树体内营养物质的制造、消耗和贮藏，在一年内有一定的阶段性。同时，每年之间也有一定的依存关系。贮藏营养对于樱花越冬和翌年春季的萌

芽、开花和早期生长发育有着极为重要的作用。可以说，如果没有贮藏营养，樱花下一个年周期就无法开始，因为早春根系开始活动时，地上部尚未萌芽，没有叶片，此时一切代谢活动所需的能量必须依靠贮藏营养提供。贮藏营养充足，枝叶生长快，生长量大而健壮；反之，如果贮藏营养不足，就会出现萌芽晚而不整齐、枝叶生长慢、生长量小的症状。

以后随着当年叶片的不断生长，光合产物积累增多，树体的消耗就以当年制造的有机营养为主。从利用贮藏营养到利用当年营养，是一个转换过程，称其为"营养转换期"或"营养临界期"。新梢的叶片往往由基部较小到中部较大，到上部又小，形成明显的交界。如果樱花树体贮藏营养充足，临界期就表现不明显；若贮藏营养不足，临界期表现就比较明显。

樱花在新梢完全停止生长后到落叶前，进入营养积累期，此时因为没有新生营养器官的消耗，叶片的自身营养和光合产物会流向芽、枝和根系中。这些营养是樱花的花芽分化、安全越冬及翌年正常生长开花的保证。

与新梢生长不同，樱花的开花结果（即生殖生长）完全是消耗营养的。

五、樱花萌芽力与成枝力

一年生枝条上芽的萌发能力称为萌芽力。芽萌发得多则萌芽力强，反之则弱。萌芽力用萌芽率来表示，即枝条上萌发的芽数占该枝条总芽数的百分比。一年生枝条上萌芽抽梢长成长枝的能力，称为成枝力，一般以成枝的具体数量来表示。

一般地，樱花用以下的标准来评价萌芽力和成枝力的高低：中度短截后，能抽生5个以上枝条者为萌芽力高，抽生3个以下枝条者为萌芽力低。中度短截后抽生的枝条中，10厘米以上的枝条达到4个以上者为成枝力高，2个以下者为成枝力较低。

樱花的萌芽力与成枝力的高低因品种与树势而异。萌芽力高、成枝力低的品种，易形成短花枝和束状花枝；萌芽力、成枝力均较高的品种，易整形，且成形快。在整形修剪上，对萌芽力和成枝力强的品种，要适当多疏枝，少短截；对成枝力弱的品种则应适当短截，以促发分枝。

土壤瘠薄、肥水不足，成枝力较弱，反之，成枝力就强。樱花树从生长盛期转向衰退时，萌芽力开始减弱，这与树龄增大后枝条上叶芽比重逐渐减少有关。所以应加强栽培管理，采取正确的修剪措施，以改善樱花树冠内各类枝条和芽的比例，达到恢复树势、延长寿命的目的。

六、樱花花期

1.影响樱花花期的因素　樱花花期是什么时间？要准确回答这一问题其实

比较困难，因为樱花花期是不定时的，受很多内外因素的制约。

（1）不同地点樱花花期不同　我国赏樱胜地较多，从南至北樱花花期慢慢推迟。在武汉，正常年份的樱花盛花期为3月中下旬。日本每年都有赏樱的习俗，日本地形南北狭长，樱花从南到北依次开放。不同地点樱花花期不同，究其原因是由于各个地区的物候差异，其中最主要的原因是早春温度的差异。

（2）不同樱花品种花期不同　同一地点不同的樱花品种，其花期也有早晚。了解这些，有利于在建立樱花园时进行早樱、中樱、晚樱品种的合理搭配，以延长樱花园的赏樱时间。

目前，大多数人欣赏樱花仅仅把眼光盯在'染井吉野'这一个樱花品种上，认为该品种开了才进入赏樱时期。由于'染井吉野'盛花期只有十几天，所以樱花就给人"来去匆匆"的感觉。其实优秀的观赏樱花品种很多，其早、中、晚品种搭配起来的总体花期可以达到40多天（在武汉）。

（3）不同树龄、树势、花枝类型花期也有不同　就是同一樱花品种，花期早晚还与其树龄、树势、花枝类型有关。一般幼龄树的花期晚于成年树，旺树的花期晚于弱树，长花枝的花期晚于短花枝。

（4）不同年份的樱花花期不同　樱花花期不仅随地点、品种不同而异外，就是同一品种在同一地点，而在不同年份其花期也有变化。

同一樱花品种每年开花有早有晚，这主要与每年早春气温的高低有关。樱花经过自然休眠以后，在早春遇到适宜的温度就能萌芽。据笔者多年观察发现，早春温度愈高，樱花萌芽期愈早，也愈迅速。同一樱花品种在不同年份的花期有时相差很大。例如早花品种'初美人'2006年的初开花期是3月6日，2007年是2月22日，2008年是3月9日，可见'初美人'2008年的花期比2006年推迟3天，比2007年推迟15天（图2-31）。中花品种'染井吉野'，2004年2月中下旬，武汉的日平均气温大多在14℃左右，这年'染井吉野'在3月5日就进入初开；而2005年2、3月间持续低温，到3月下旬武汉的日平均气温

2006年3月6日

2007年2月22日

2008年3月9日

图2-31　早花品种'初美人'2006—2008年在武汉的花期

才接近10℃左右，这年'染井吉野'在3月28日才进入初开；与2004年相比，2005年'染井吉野'花期推迟了23天。由于晚花品种开花时武汉气温较高且较平稳，所以在武汉每年晚樱开花的时间相差不大（图2-32）。

2006年4月1日　　　　　　2007年3月30日　　　　　　2008年3月26日

图2-32　晚花品种'关山'2006—2008年在武汉的花期

　　早春气温的高低是影响樱花花期的主要因素，另外，樱花花期还与樱花水分管理以及树体贮藏养分的多少等因素有一定的关系。

　　所以要回答樱花花期的问题，必须在明确了具体地点、具体品种及具体年份后，才能做出准确的回答。不过，若仅就某一樱花园而言，是可以大致估定一个樱花群体花期的，如武汉东湖樱花园的樱花群体花期为3月上旬至4月上旬。

　　2.樱花的常年花期及花期等级　武汉早樱、中樱、晚樱的常年花期见表2-1。表2-1按花期将樱花品种分为三大类共五个类型，即早花品种、早中花品种、中花品种、中晚花品种、晚花品种。每个类型花期间隔5～8天。

表2-1　武汉樱花的常年花期

编号	品种类型		典型品种	初开花期
1	早樱	早花品种	'初美人'	3月5日
		早中花品种	'飞寒樱'	3月13日
2	中樱	中花品种	'染井吉野'	3月20日
		中晚花品种	'八重红枝垂'	3月25日
3	晚樱	晚花品种	'关山'	4月1日

2011—2016年武汉樱花的花期等级见表2-2。

表2-2 武汉樱花的花期等级（以'染井吉野'为例）

武汉樱花花期	常年花期	与常年比较	等级	等级划分
2011年3月25日	3月20日	推迟5天	迟	与常年比较，樱花花期分五个等级：
2012年3月28日	3月20日	推迟8天	迟	1.非常早：花期与常年相比提前10天以上（包括10天）。
2013年3月9日	3月20日	提前11天	非常早	2.早：花期与常年相比提前5～9天。
2014年3月22日	3月20日	推迟2天	与常年相当	3.与常年相当：花期与常年相比提前或推迟在4天以内(包括4天)。
2015年3月21日	3月20日	同期	与常年相当	4.迟：花期与常年相比迟5～9天。
2016年3月6日	3月20日	提前14天	非常早	5.非常迟：花期与常年相比推迟10天以上（包括10天）。

武汉2004—2016年'初美人'（早樱）和'染井吉野'（中樱）的初开花期见表2-3。

表2-3 2004—2016年'初美人'（早樱）和'染井吉野'（中樱）的初开花期

年度	'初美人'（早樱）			'染井吉野'（中樱）		
	武汉当年樱花花期	常年花期	与常年比较	武汉当年樱花花期	常年花期	与常年比较
2004	没记载	3月5日	没记载	3月5日	3月20日	提前15天
2005	没记载	3月5日	没记载	3月28日	3月20日	推迟8天
2006	3月6日	3月5日	推迟1天	3月21日	3月20日	推迟1天
2007	2月22日	3月5日	提前11天	3月21日	3月20日	推迟1天
2008	3月9日	3月5日	推迟4天	3月15日	3月20日	提前5天
2009	2月20日	3月5日	提前13天	3月19日	3月20日	提前1天
2010	2月28日	3月5日	提前5天	3月19日	3月20日	提前1天
2011	3月12日	3月5日	推迟7天	3月25日	3月20日	推迟5天
2012	3月21日	3月5日	推迟16天	3月28日	3月20日	推迟8天
2013	3月5日	3月5日	正常	3月9日	3月20日	提前11天

（续）

年度	'初美人'（早樱）			'染井吉野'（中樱）		
	武汉当年樱花花期	常年花期	与常年比较	武汉当年樱花花期	常年花期	与常年比较
2014	3月3日	3月5日	正常	3月22日	3月20日	推迟2天
2015	2月20日	3月5日	提前13天	3月21日	3月20日	推迟1天
2016	2月26日	3月5日	提前7天	3月5日	3月20日	提前15天

3.关于樱花花期的习惯用语

樱花的开花日：樱花的开花日就是一个樱花品种的标准树上有5、6朵花开时，称为该樱花品种当年的开花日。

樱花的满开日：樱花的满开日就是一个樱花品种当标准树上有80%以上的花朵开时，称为该樱花品种当年的满开日。

樱花7日："樱花7日"是日本的一句民谚，其意是说樱花的生命短暂，一朵樱花从开放到凋谢大约7天，整株樱树从开花到全谢不到半个月。

4.樱花花期预报

（1）根据温度预报花期　早春温度的高低直接影响着樱花花期的早晚，只要温度适宜，樱花的花在一夜之间就能繁花满枝，这说明樱花开花与温度的关系最紧密，与光照的关系不是那么密切。

日本的樱花花期预报工作做得非常到位，据报道：'染井吉野'樱花自花芽休眠复苏日开始，花苞成长程度累积至20天份额时即为开花日。也就是说，将日平均气温15℃的成长量作为1天份额来计算，那么日平均气温5℃时约折算为0.33天份额（即5℃／15℃=0.33），日平均气温25℃时折算为1.67天份额（即25℃／15℃=1.67）。到了累积到20天份额那一天即为'染井吉野'的开花日。据笔者多年观察，这个花期预测的计算方法在武汉具有一定的参考意义。

樱桃作为重要的果树栽培，其开花与温度的关系研究较多。据报道，樱桃要求萌芽期的平均气温在7℃以上，最适宜的温度是10℃左右；开花期的平均气温在12℃以上，最适宜的温度是15℃左右；果实发育期和成熟期适宜的温度为20℃左右。由于樱花与樱桃同类，所以樱桃的资料可作为樱花的参考。

（2）根据樱花开花过程预报花期　樱花花期较短，每年早春人们很想提前知道樱花的花期，以免耽误赏樱期。要想对每年的樱花花期有所预知，首先应该了解樱花是怎样开花的，即樱花开花的规律，其次需要了解樱花花芽复苏后的发育与气温的关联。

　　樱花自然休眠时间一般为80～100天。经过自然休眠后，樱花应经过一定的低温阶段，才能解除休眠进入正常的萌芽开花过程。

　　樱花花芽从解除休眠到花谢一般要经过花芽复苏期、芽鳞裂开期、花梗伸长期、初花期、盛花期、落花期六个过程。下面笔者以'初美人'（早花品种）、'染井吉野'（中花品种）和'关山'（晚花品种）为例来介绍樱花开花的这六个过程（图2-33、图2-34、图2-35）。

　　①花芽复苏期：樱花休眠打破，花芽（花叶同放的樱花也包括叶芽）开始萌动，花芽尖出现一点绿色，所以也将此期称为露绿期。

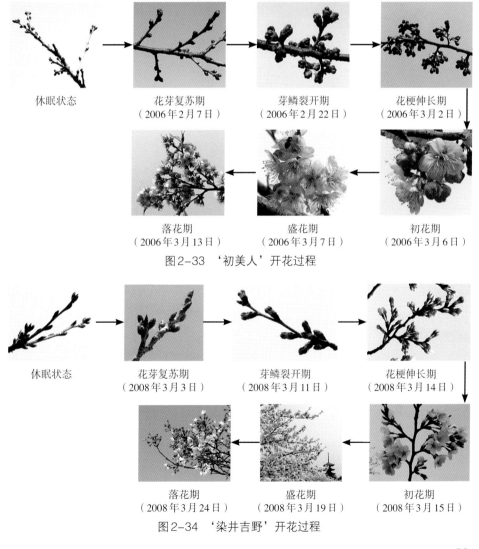

休眠状态　　　　　　花芽复苏期　　　　　　芽鳞裂开期　　　　　　花梗伸长期
　　　　　　　　　（2006年2月7日）　　（2006年2月22日）　　（2006年3月2日）

落花期　　　　　　　　盛花期　　　　　　　　初花期
（2006年3月13日）　　（2006年3月7日）　　（2006年3月6日）

图2-33　'初美人'开花过程

休眠状态　　　　　　花芽复苏期　　　　　　芽鳞裂开期　　　　　　花梗伸长期
　　　　　　　　　（2008年3月3日）　　（2008年3月11日）　　（2008年3月14日）

落花期　　　　　　　　盛花期　　　　　　　　初花期
（2008年3月24日）　　（2008年3月19日）　　（2008年3月15日）

图2-34　'染井吉野'开花过程

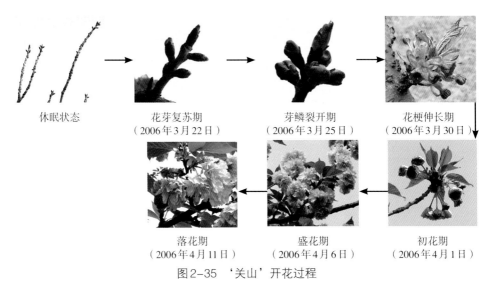

休眠状态　　　　花芽复苏期　　　　　芽鳞裂开期　　　　　花梗伸长期
　　　　　　　（2006年3月22日）　（2006年3月25日）　（2006年3月30日）

落花期　　　　　　　盛花期　　　　　　初花期
（2006年4月11日）　（2006年4月6日）　（2006年4月1日）

图2-35 '关山'开花过程

②芽鳞裂开期：花芽不断膨大，芽鳞裂开，此时可以很清楚地看出每个花芽内花蕾的数量（樱花每个花芽一般可开1～5朵花）。

③花梗伸长期：花芽芽鳞裂开露出花蕾后，随着花蕾的生长，花梗不断伸长。

④初花期：全树有5%～25%的花开放。

⑤盛花期：全树有25%～75%花开放。

⑥落花期：全树有50%的花正常落瓣。

七、二度樱

1. "二度樱"现象　在武汉，樱花的正常花期为3、4月，但在秋冬季节有时也会出现零星开花现象，称为"二度樱"。每当这些时候，一些报纸、电视台往往争相报道。

我们知道，原产温带和亚热带地区的绝大多数树种一年只开一次花，但少数树种有时也会发生秋季二度开花的现象，常见的有樱、梅、桃、杏、连翘等。笔者经过观察认为，引起樱花二度开花的原因与引起梅花二度开花的原因相同。樱花正常落叶期在秋冬季，但病虫害或干旱等不良因子可引起樱花提早落叶。秋季樱花落叶后若遇干旱气候，就会有少量花芽迅速萌发，以致开花，甚至结果。所以说樱花的二度开花是樱花不得已的生理现象。

二度樱的花与正常的樱花在形态上有一些差异：二度樱的花梗一般比正常开花的花梗要短一些，正常开花的樱花花梗一般长2厘米左右，而二度樱的花梗一般长1厘米左右。这点与梅花的二度梅现象刚好相反，二度梅的花梗一般比正常梅花要长。另外，二度樱花芽中花朵数量少于正常开花的樱花，一般仅为1～3朵，而正常开花的花朵数量多为3～5朵。

　　并不是所有樱花的品种都容易产生二度樱现象。据观察，樱花品种中的'飞寒樱'、'大岛'、'御车返'、'关山'、'普贤象'、'八重红枝垂'、'矮枝垂'、'雏菊樱'等秋季二度开花较多（图2-36），其中'大岛'、'八重红枝垂'秋季二度开花还可以结实，这说明部分二度开花的樱花，发育情况还是比较充实的。

'关山'　　　　　　　　'大岛'　　　　　　　　'飞寒樱'

'普贤象'

'八重红枝垂'

'矮枝垂'　　　　　　　'雏菊樱'　　　　　　　'御车返'

图2-36　二度樱

2.櫻花早期落叶原因及其危害

（1）早期落叶原因　引起櫻花提早落叶的原因较多，但最主要的有干旱落叶、涝害落叶和病虫害落叶三种。干旱落叶一般是在枝梢基部和树冠内单芽枝或束状花枝的叶片上先发生，叶片变黄脱落，此时土壤含水量一般在7%左右；涝害落叶是由于土壤积水使根系受损造成的，树冠的内部树叶发生较严重；病虫害落叶是由于櫻花感染病虫害引起落叶，易引起櫻花提早落叶的病害有叶片穿孔病、叶斑病等，虫害有红蜘蛛、介壳虫、网蜻等。

（2）早期落叶危害　落叶的时间早晚和程度轻重对櫻花生长发育关系密切。一般说落叶越早危害越重，而且不同时期的落叶会造成不同的伤害。例如花芽分化前落叶将影响花芽分化，减少开花量；秋季提前落叶将引起"二度櫻"现象，从而减少了树体内养分的贮藏，影响来年开花质量。局部性落叶一般只对落叶部位的生长开花有不利影响，但大量早期落叶则会对整个树体的生长开花产生严重的影响。

为了防止櫻花早期落叶，必须找出落叶的原因，采取有针对性的措施进行有效防治。

八、樱花与梅花生理习性的异同

櫻花与梅花在生理习性方面有许多相似之处，但也有一些差别。

1.櫻花与梅花均对温度特别敏感　它们的花期均受温度影响很大。

（1）梅花　在我国赏梅，如果有人从11～12月开始，在岭南赏完梅花北上，1～2月可在粤、桂、川、黔、闽一带见到梅开，2～3月可去鄂、皖、苏、浙、沪一带梅园访胜，3～4月在豫、陕、鲁等地探梅，4月中旬在北京又可见露地梅舒展。从南至北，从当年的11月中旬至翌年的4月中旬，赏梅可延续5个月之久。

（2）櫻花　在日本赏樱，日本地形南北狭长，櫻花从南到北依次开放。一般地，'染井吉野'櫻花的开花是在3月下旬由日本九州岛和四国岛开始，3月31日到近畿地方、东海地方南部、关东地方南部，4月10日到日本北陆地方、东海地方北部、关东地方北部、东北地方南部，5月初到达北海道。

2.櫻花与梅花在栽培管理方面的异同　櫻花与梅花均喜深厚肥沃、排水良好的土壤，均忌植积水低注之地。櫻花与梅花均可进行芽接繁殖，但梅花芽接成活率比櫻花高得多。梅花除本砧外，可以以桃、杏为砧；櫻花除本砧外，可以以樱桃为砧。但笔者进行櫻花与梅花互接均未成功。在化学药剂防治病虫害时，櫻花与梅花均对有机磷农药敏感，喷药时均应特别注意。櫻花与梅花均有一定的耐寒力，但櫻花的耐寒力比梅花略强。

很多人认为櫻花比较娇弱，其实櫻花与梅花一样，生命力也较强（图2-37）。

图2-37　樱花的生命力较强，即使树干发生腐烂或倒伏，也能顽强开花

第三章

樱花分类与品种

❀ 第一节　樱花品种分类

一、樱花园艺品种分类系统

当今世界上樱花品种十分丰富，园艺品种分类系统五花八门，目前我国还没有一个统一的樱花园艺品种分类方法。笔者参考了我国其他花卉的品种和日本樱花品种分类方法，对樱花品种进行了三级分类方法的探讨，若有不妥之处，恳请专家学者指正，以便完善。

丰富多彩的樱花品种是经过多年的实生苗选育和杂交育种产生的，如'山樱'×'寒绯樱'→'寒樱'，我们把'寒樱'称为'山樱'和'寒绯樱'的后代；'大岛'×'江户彼岸'→'染井吉野'，'染井吉野'×'寒樱'→'红鹤樱'，我们把'染井吉野'和'红鹤樱'称为'大岛'的后代；'天城吉野'×'寒绯樱'→'阳光'，'兼六园熊谷'×'寒绯樱'→'横滨绯樱'，我们把'阳光'和'横滨绯樱'称为'寒绯樱'的后代；樱桃×'寒绯樱'→'初美人'，樱桃×'寒樱'→'启翁樱'，我们把'初美人'和'启翁樱'称为'寒绯樱'和樱桃的后代（图3-1）。

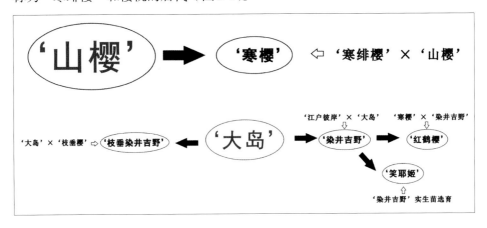

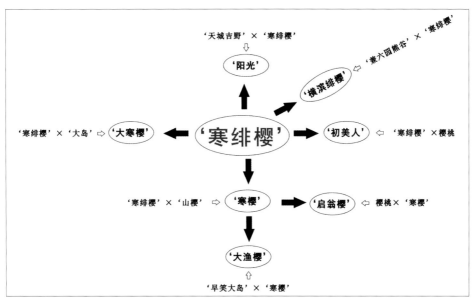

图3-1　由'山樱'、'大岛'、'寒绯樱'产生的樱花品种

　　这里值得一提的是，由于'大岛'樱较易结实，其杂交很容易产生变异品种，许多樱花园艺品种源自'大岛'，如'变大岛'、'束花大岛'等。但由于其自然杂交产生的许多变异品种与'大岛'樱较为相似，故我们一般对这些品种不再进行细分，而习惯统称为'大岛'系列品种（图3-2）。

图3-2　'大岛'系列品种

　　樱花品种三级分类方法中，第一级分类是按品种的原始程度分为两大系，即原樱系和花樱系。原樱系指杂交育种或实生苗选育中的父本和母本，如'山樱'、'大岛'、'寒绯樱'、樱桃等；花樱系是指原始品种经过杂交育种或实生

39

苗选育产生的樱花园艺栽培品种（日本将这种经过人工栽培驯化的樱花称为里樱花）。

第二级分类是按樱花枝条着生方式分为直枝樱和垂枝樱两类：直枝樱的枝条直上或斜出；垂枝樱的枝条自然下垂。

在第三级分类中，由于原樱系多为单瓣花，故不从花的单重性进行分类，可以按花型或花色将原樱系分为山樱型、大岛樱型、江户樱型、寒绯樱型、樱桃型等，其中樱桃型是指樱桃中具有较高观赏价值的品种；花樱系按花态有钟花型和开张型之分，钟花型和开张型中各有单瓣、复瓣、重瓣、菊瓣之分，故又可分为单瓣亚型、复瓣亚型、重瓣亚型和菊瓣亚型。

樱花品种的这种三级分类方法扩展性强，可不断进行充实补充。

Ⅰ.原樱系

A.直枝樱类

（1）山樱型　如'青茎樱'等。

（2）大岛樱型　如'大岛'等。

（3）江户樱型　如'江户彼岸'等。

（4）寒绯樱型　如'寒绯樱'，此品种一个树上既有单瓣的花，又有复瓣的花，故暂时按一个品种来对待。

（5）樱桃型　指樱桃中具有较高观赏价值的品种。

B.垂枝樱类

（1）山樱垂枝型　如'山樱枝垂'等。

（2）大岛垂枝樱型　如'矮枝垂'等。

（3）江户垂枝樱型　如'红枝垂'等。

Ⅱ.花樱系

A.直枝樱类

（1）钟花型

重瓣钟花亚型：如'云南早樱'等。

（2）开张型

单瓣开张亚型：如'初美人'、'阳光'、'染井吉野'、'飞寒樱'等。

复瓣开张亚型：如'大提灯'、'御车返'、'高砂'等。

重瓣开张亚型：如'关山'、'普贤象'、'松月'、'白妙'、'郁金'、'妹背'等。

菊瓣开张亚型：如'梅护寺数珠挂樱'、'兼六园菊樱'等。

B.垂枝樱类

（1）钟花型

目前笔者还未见到钟花型垂枝樱。

（2）开张型

单瓣垂枝樱型：如'枝垂染井吉野'等。

重瓣垂枝樱型：如'八重红枝垂'、'雨情垂枝'等。

菊瓣垂枝樱型：如'菊瓣枝垂'等。

二、按花期分类

不同樱花品种的花期跨度较长，以武汉为例，花期早的樱花可在2月中旬怒放，花期晚的4月才含羞待放。花期分类法是樱花品种分类常用的方法之一，简介如下。

1.一年几次开花品种　也称"多期樱"、"秋冬樱"。樱花有些品种一年可开几次花，如'冬樱'、'十月樱'等。'冬樱'一年中可以分别在10～12月、1月和3月几次开花（武汉）；'十月樱'一年中可以分别在9～10月和3月几次开花（武汉）。它们能在秋冬开放是其有别于其他品种的特性。这些品种一年几次开花的习性与由于秋季干旱引起二度开花的现象不同。

2.早花品种　俗称"早樱"。在武汉，早樱一般2月中旬至3月上旬开花，以单瓣品种居多，先花后叶，花色艳丽迷人。如品种'初美人'、'日本早樱'、'启翁樱'、'云南早樱'、'寒绯樱'、'河津樱'、'大寒樱'等。

3.中花品种　俗称"中樱"。在武汉，中樱一般3月中旬或下旬开花，单重瓣皆有，有先花后叶的，也有花叶同放的。如品种'大岛'、'染井吉野'、'御车返'、'雨情垂枝'、'八重红枝垂'、'高砂'等。

4.晚花品种　俗称"晚樱"。在武汉，晚樱一般4月上旬或中旬开花，以重瓣品种居多，花叶同放的居多，花态富丽。如品种'关山'、'松月'、'杨贵妃'、'郁金'、'妹背'、'普贤象'、'梅护寺数珠挂樱'等。

三、按花色及春芽颜色分类

按花色及春芽颜色，樱花品种可以采取如下分类方法：第一级，首先按花色分为白花、红花(包括粉红及浓红色)、绿花(包括浅黄绿色)三大类。第二级，再按春芽颜色分为绿芽、黄芽、褐芽、红芽四群。第三级，依花型分为单瓣、复瓣、重瓣、菊瓣四型。

Ⅰ.白花类

A.绿芽群

单瓣型：如'满月'等。

重瓣型：如'雨宿'等。

B.黄芽群

复瓣型：如'大芝山'等。

C.褐芽群

单瓣型：如'明月'等。

重瓣型：如'大提灯'等。

D.红芽群

单瓣型：如'四季樱'等。

Ⅱ.红花类

A.绿芽群

重瓣型：如'福禄寿'等。

B.褐芽群

重瓣型：如'一叶'等。

C.红芽群

复瓣型：如'复瓣紫樱'等。

Ⅲ.绿花类

重瓣型：如'郁金'、'御衣黄'等。

❀ 第二节　樱花品种鉴赏

一、最"正宗"的樱花

人们提起樱花大多想到的是'染井吉野'樱花，我国的观赏书籍多将其称为"东京樱花"（图3-3）。在花期分类中'染井吉野'属于中樱，其花先叶

图3-3　最"正宗"的樱花——'染井吉野'

开放，单瓣，花色初开时为淡粉色，盛开时逐渐转白。'染井吉野'盛开时气势磅礴，灿如云霞；凋落时落英缤纷，犹如天女散花，它是人们心目中最"正宗"的樱花，在日本是最常见的樱花品种，约占日本樱花树总数80%，全日本赏樱的"樱前线"也是以此为指示树。在我国的樱花专类园中，也是以此为赏樱重点，如武汉东湖樱花园每年将'染井吉野'盛开时作为赏樱盛期。'染井吉野'也是一种优秀的色叶树种，其秋叶先为橙红色，后转变为红色。'染井吉野'园林应用较广，既可片植、孤植和临水栽植，又可作为行道树栽植。

　　关于'染井吉野'的起源有多种说法，但大多数人认为'染井吉野'是'大岛'和'江户彼岸'的杂交后代，'染井吉野'分别继承了'大岛'和'江户彼岸'这两个品种花朵大和先花后叶的特点。

　　'染井吉野'樱树形优美，而且生长较快，道路两旁栽植的'染井吉野'樱，几年后就可形成樱花隧道（图3-4）。

图3-4　'染井吉野'樱栽植几年后就能形成隧道景观

二、多期樱

有些樱花品种一年可开几次花，称为多期樱，如'冬樱'、'十月樱'等（图3-5）。

图3-5　多期樱

需要注意的是，多期樱和"二度樱"是不同的，多期樱是品种特性，而"二度樱"是樱花不得已的生理现象，即秋季樱树落叶后遇干旱气候，樱花中就会有少量花芽迅速萌发而开花的现象，例如2015年10月27日拍摄的'雏菊樱'和'八重红枝垂'二度开花现象（图3-6）。

图3-6　二度樱现象

虽然多期樱开花小而稀疏，但由于其花期的特别性，仍深受人们喜爱。

三、报春樱

'小寒樱'（图3-7）原名'寒樱'，为了和'大寒樱'品种相区别，我们习惯称其为'小寒樱'。虽然'小寒樱'从观赏价值来看极不起眼，但是它是每年报春最早的樱花。在武汉，它的花期和梅花相近，所以我们说它可与梅花相伴争春。'小寒樱'一般在1月下旬就开始零星开花，由于开花时气温低，其花期持续时间较长，待迎来大量的樱花开放时（武汉，2月底或3月初）它才退出。

图3-7 报春樱

四、亮粉色早樱

'启翁樱'、'初美人'、'河津樱'、'大渔樱'、'阳光'、'横滨绯樱'、'大寒樱'这些亮粉色早樱品种，在武汉一般2月下旬至3月上旬开花，均为单瓣花（图3-8）。这些早樱品种先花后叶，将它们群植一片，满树亮粉色的花朵在早春季节显得十分抢眼。另外，'初美人'的树形较美，在园林应用中可以孤植，其景观效果也非常好（图3-9）。

图3-8　亮粉色早樱

图3-9　亮粉色早樱:'初美人'孤植景观

五、钟花樱

'寒绯樱'（图3-10）和'云南早樱'（图3-11）等樱花品种,因其花态低垂，呈半开状的钟形，故形象地称其为钟花樱。在花期分类中钟花樱属于早樱，盛开时，满树紫红色"小钟"别致可爱（图3-12）。'寒绯樱'为单瓣或复瓣，'云南早樱'为重瓣。另外，大多数的早樱品种花色较浅，而钟花樱的花色较深，这在樱花景观的色系配置中显得非常可贵，在一片浅色花中适当点缀几株钟花樱，这将会成为人们视线的焦点（图3-13）。

图3-10　钟花樱：'寒绯樱'　　　　　图3-11　钟花樱：'云南早樱'

图3-12　'寒绯樱'的紫红　　　图3-13　钟花樱的花色深，在樱花景观色系配置中非常难得
色小钟别致可爱

六、小花樱

'日本早樱'（图3-14）花径较小（一般2.2厘米左右），瓣型细长，通常

称其为小花樱。小花樱先花后叶，花朵虽小，但花态轻盈，瓣缘洒红晕，花色娇艳异常，所以细细品赏也能发现它的吸引人之处（图3-15）。'日本早樱'花谢瓣落后花丝还能宿存几天，远望如红云一片，也甚独特（图3-16）。另外，其叶片有毛，触之有毛绒感，尽显野樱之态。

图3-14 小花樱：'日本早樱'

图3-15 盛开的'日本早樱'娇艳异常

图3-16 '日本早樱'花谢瓣落后其花丝还能宿存几天

七、大花樱

'红丰'（图3-17）、'大提灯'（图3-18）等樱花品种，花径较大（一般在5厘米以上），通常称其为大花樱。大花樱的花态一般比较圆正且瓣质厚实，这与一般的樱花品种有异。按花期分类，'红丰'属于中樱，'大提灯'属于晚樱。'红丰'花瓣12～16枚，花粉红色；'大提灯'花瓣6～11枚，花淡粉色。这两个品种的树形均较直立，小枝多斜上生长，所以均可作乔木栽培（图3-19）。

图3-17 大花樱：'红丰'

图3-18 大花樱：'大提灯'

图3-19 '红丰'、'大提灯'树形较直
立，可以作乔木栽培

'红丰'

'大提灯'

八、变色樱

有些樱花品种在近谢时花色会泛红，如'染井吉野'、'普贤象'等，有些樱花品种在近谢时花色会变浅，如'横滨绯樱'（图3-20、图3-21）、'八重红枝垂'、'关山'等。不仅如此，还有些樱花品种在开花过程中花色有明显变化，如'变大岛'（图3-22、图3-23），其花初开为白色，随着花的开放会慢慢变红，近谢时花色变为大红色，甚奇特。'变大岛'是'大岛'的一个变种，其花型、花期及树形（图3-24）等特性与'大岛'相似。

图3-20 '横滨绯樱'初开的颜色较深

图3-21 '横滨绯樱'盛开转谢时的颜色变浅

图3-22　变色樱：'变大岛'

图3-24　'变大岛'的树形

2006年3月20日

2006年3月22日

2006年3月29日

图3-23　'变大岛'在开花过程中的花色变化

九、垂枝樱

垂枝樱（图3-25），枝条自然下垂，潇洒飘逸，兼具了樱的烂漫和柳的柔美，观赏价值较高（图3-26）。在园林中，垂枝樱既能观花，又可赏形，或临风，或照水，或倚坡，或伴亭，点即成景，有些品种的垂枝樱花还可盆栽置于厅堂之内欣赏，所以垂枝樱已逐步成为后起之秀，近几年在我国园林中应用越来越广泛。'八重红枝垂'（图3-27）和'雨情垂枝'（图3-28）是两个比较典型的垂枝樱品种。它们均属于中樱，花均为粉红色，花径也相似，不同之处是'雨情垂枝'花萼不肿大，而'八重红枝垂'花萼筒形且花瓣较飞舞。

图3-25　垂枝樱盛开时

图3-26　垂枝樱兼具了柳的柔美

图3-27　垂枝樱：'八重红枝垂'

图3-28　垂枝樱：'雨情垂枝'

日本垂枝樱花的品种较为丰富，有菊瓣垂枝樱花品种。菊瓣垂枝樱瓣数很多，有的达100余片。垂枝樱花比较长寿，在日本有很多垂枝樱花古树，所以日本人又将垂枝樱花称为长寿樱。

垂枝樱的垂枝类型分为紧凑型和疏散型两种：紧凑型的枝条全垂，婆娑婀娜；疏散型似垂柳，大方优雅。

十、绿樱

我国民间有这样一种传说，即看到绿色的花就可以得到幸福，所以绿色的花在人们心中有着神圣的地位，人们总是带着一种期盼到处寻找绿花。樱花有绿色的品种，绿樱的花瓣和花萼均为绿色，为樱中奇品。常见的绿樱品种有'郁金'和'御衣黄'。它们均属于晚樱，花叶同放。'郁金'（图3-29）花瓣12～16枚，初开时绿色不匀，开放后期花心渐渐呈红色；'御衣黄'（图3-30）花瓣10～15枚，花黄绿色，花形和花色较为奇特，即花瓣向外翻卷，一过鼎盛期，绿色花瓣中就夹带着红色条纹。人们普遍认为绿樱的着花率不高，其实只要管理得好，绿樱开花是非常繁密的（图3-31）。

初开 开放后期

图3-29 绿樱:'郁金'

图3-30 绿樱:'御衣黄' 图3-31 盛开的绿樱开花繁密

图3-32 绿樱:'山大岛'(花瓣白色,花萼绿色)

另外还有一些樱花品种，其花瓣是白色的，但是花萼是绿色的，如'山大岛'（图3-32）。'山大岛'属于早樱品种，先花后叶，花开时花瓣和花萼白绿相间，给人一种洁净素雅之美。

十一、台阁樱

台阁樱，即一朵樱花的中心再生出一朵樱花，形成台阁状。台阁樱的花态优美奇特，堪称樱中奇品。樱花中心的台阁花是可以开花的，这样就形成了一朵樱花分两层开放，即主体花和台阁花两次开花。台阁樱不仅花瓣多，且大多花开成台（图3-33）。我们知道，樱花花器官从外向心的结构依次分为花萼、花瓣、雄蕊、雌蕊几部分，雌蕊位于樱花的中心，一些学者认为台阁这一花中长花的现象是由雌蕊发生变异而形成的。除樱花外，与樱花同科的梅花也有台阁品种，即台阁梅（图3-34）。

初开状正面　　　　盛开状正面　　　　　　盛开状侧面　　　　　　背面

图3-33　台阁樱：'鹎樱'

图3-34　梅花的台阁现象

樱花中的'妹背'（图3-35）、'梅护寺数珠挂樱'（图3-36、图3-37）等具有台阁现象。它们均属于晚樱，其花均为粉红色且花叶同放。台阁樱由于有

主体花和台阁花两次开花，所以台阁樱的花瓣较多。'妹背'主体花的花瓣为
33～50枚，台阁花的花瓣为15～27枚；'梅护寺数珠挂樱'主体花的花瓣为
84～88枚，台阁花的花瓣为31～51枚。

初开状

盛开状

图3-35　台阁樱：'妹背'

主体花　　　　　　　　　　台阁花

图3-36　台阁樱：'梅护寺数珠挂樱'

花瓣88枚　　　　　　　花瓣84枚
台阁瓣51枚　　　　　　台阁瓣31枚
台阁萼17枚　　　　　　台阁萼12枚

图3-37　'梅护寺数珠挂樱'的台阁状

十二、菊樱

菊樱因其花瓣繁密而得名。菊樱花瓣一般为100枚左右，如'雏菊樱'等，而'兼六园菊樱'的花瓣多达300枚，据说它是樱花中花瓣最多者。'雏菊樱'（图3-38）和'兼六园菊樱'（图3-39）的花色均为粉红色且花叶同放。在花期分类中'雏菊樱'属于中樱，'兼六园菊樱'属于晚樱。由于菊樱花瓣较多，故盛开的菊樱花朵多呈圆球形。

图3-38　菊樱：'雏菊樱'

图3-39　菊樱：'兼六园菊樱'

菊樱的大多数品种为复萼，而'雏菊樱'为单萼，这点比较特别。

十三、复萼樱花

与梅花一样，樱花花萼也有单萼、复萼之分（图3-40）。单萼为一层萼

'红鹤樱'的单萼   '妹背'的复萼

图3-40 樱花的单萼与复萼

片，5片；复萼是在萼片根处生有瓣化的副萼片，复萼一般有6～10片。樱花大多数品种为单萼，只有少数品种为复萼。具有复萼的樱花品种花瓣较多，多为台阁樱或菊樱，如'妹背'、'梅护寺数珠挂樱'等。

十四、芳香樱

芳香樱的品种不多，较为罕见。'千里香'品种开放时，香气袭人，沁人心脾。'千里香'（图3-41）花叶同放，在花期分类中属于晚樱。虽然'千里香'的小白花不会引起人们的注意，但是由于其独特的香气，使其在樱花专类园品种配置中不可缺少。

图3-41 芳香樱：'千里香'

十五、白色樱花

樱花的花色大多不纯，或颜色深浅不匀，或洒深浅不一的色晕。虽然'太白'（图3-42）、'白雪'（图3-43）、'白妙'（图3-44）的白色花也有少许的杂色，但相对来说较其他樱花的花色要纯一些，这就显得比较珍贵。在花期分类中，'太白'、'白雪'、'白妙'均属于中樱，花叶同放。'太白'、'白雪'为单瓣花；'白妙'为重瓣花，其花态较美。

图3-42　白色樱花：'太白'

图3-43　白色樱花：'白雪'

图3-44　白色樱花：'白妙'

十六、轻盈别致的樱花

'朱雀'（图3-45），由于花瓣瓣质较薄且花梗细长，所以花姿显得格外轻盈别致，正如其'朱雀'之名。'朱雀'花叶同放，花粉红色，花瓣5～12枚，在花期分类中属于中樱。

图3-45　轻盈别致的樱花：'朱雀'

十七、花态飞舞的樱花

　　'飞寒樱'（图3-46）的花先叶开放，花瓣椭圆形，粉红色，5枚，花姿开张飞舞。盛开时，5枚花瓣分离而平展于一个平面上，配上纤长向下的花梗，犹如朵朵粉蝶飞舞，美丽异常，很容易与其他品种区别。'飞寒樱'在花期分类中属于早樱，树形优美，群植、孤植（图3-47）均可，是一个值得推广的樱花品种。

图3-46　花态飞舞的樱花：'飞寒樱'

图3-47　'飞寒樱'群植与孤植景观

十八、幼叶深褐色的樱花

早春樱花发芽时，幼叶颜色较其他树种丰富。樱花幼叶的颜色可分为绿色、黄色、褐色、红色等，颜色有深有浅，有些学者将此种性状作为樱花分类的一个很重要的依据。在早春的樱花园中，颜色深的幼叶显得较为突出，而且

图3-48 幼叶深褐色的樱花：'仙台屋'

幼叶色深的樱花，其花色大多比较娇艳，这样花叶同放时就显现出另一种美感来。幼叶深褐色的樱花品种有'仙台屋'（图3-48）、'岚山'（图3-49）、'手弱女'（图3-50）等，这三个品种花色、幼叶颜色非常相似，且均为花叶同放。'仙台屋'、'岚山'为单瓣花，其中'岚山'的花态比'仙台屋'的花态显得圆正一些，在花期分类中属于中樱；'手弱女'为复瓣花，花态娇柔可爱，在花期分类中属于晚樱。

图3-49 幼叶深褐色的樱花：'岚山'

图3-50 幼叶深褐色的樱花：'手弱女'

十九、红叶樱花

红叶樱花是樱花的一个变种，在国外经多年选育其性状已趋稳定。红叶樱花花大而艳丽，淡红色，重瓣，有长梗，花期一般4～5月。红叶樱花叶色多变，早春展叶时为深红色，5～7月变为亮红色，高温多雨季节老叶渐变为深紫色，晚秋遇霜则变为橘红色。

红叶樱花集观花、观叶于一身，是一个不可多得的彩叶观花树种。

二十、晚樱三杰

提起晚樱，人们自然而然就会想起'关山'（图3-51）、'普贤象'（图3-52）、'松月'（图3-53）这三个比较经典的晚樱品种，我们称其为"晚樱三杰"。这三个品种均为重瓣花，'关山'为粉红色，'普贤象'、'松月'为粉白色。在两个粉白色的花中，'普贤象'花色较暗，'松月'花色较亮。在园林配置上'关山'适合片植（图3-54），可形成大规模的樱花景观效果；'普贤象'（图3-55）、'松月'（图3-56）的树形紧凑，树姿优美，孤植效果较好。

图3-51　晚樱三杰：'关山'

图3-52　晚樱三杰：'普贤象'

图3-53　晚樱三杰：'松月'

图3-54 '关山'片植景观

图3-55 '普贤象'孤植景观

图3-56 '松月'孤植景观

二十一、能食用的樱花

在日本，食用最多的樱花品种应为'关山'和'大岛'（图3-57），可制成樱花渍物、樱花酒、樱花茶、樱花汤、樱花丸子、樱饼、樱花糕等食物。

'大岛'   '关山'

图3-57　能食用的樱花

二十二、适合制作盆景的樱花

由于受樱花生长和观赏特性的限制，樱花在园林应用中庭园栽植较多，而制作盆景较少。其实，有些樱花品种是比较适合盆栽观赏的，如'御车返'、'高砂'、'红鹤樱'、'杨贵妃'等（图3-58）。这些樱花品种的花大多先于叶开放，开花繁密而紧凑，且花梗较短，这些特性适合制作盆景。在花期分类中，'御车返'、'高砂'、'红鹤樱'属于中樱，'杨贵妃'属于晚樱。另外，垂枝樱如'矮枝垂'、'八重红枝垂'、'雨情垂枝'品种也可以制作盆景欣赏（图3-59）。

'御车返'   '高砂'

'红鹤樱'

'杨贵妃'

图3-58　适合制作盆景的樱花

图3-59　适合制作盆景的垂枝樱：'矮枝垂'

二十三、容易混淆的樱花

有些樱花品种，不论从花型、花色还是花期上都比较相似，容易让人混淆。下面摘取一些比较相似的樱花品种，简要指出它们相似及相别之处，以便大家辨识。

1. '日本早樱'与'启翁樱'（图3-60）

相似之处：早花品种，花粉色，花瓣5枚，花径相似，花瓣边缘均有红晕，伞形花序，花梗与萼筒均有毛。

区别之处：'日本早樱'的树形较为轻盈，叶片小且有毛质感，结实，实

'日本早樱'　　　　　　　　　　　　　　'启翁樱'

图3-60　容易混淆的樱花：'日本早樱'与'启翁樱'

小；'启翁樱'的树形具有果樱的特性，叶片较大且无毛质感，易结实，实大。

2. '寒绯樱'与'云南早樱'（图3-61）

相似之处：早花品种，花紫红色，花态钟形，伞形花序。

区别之处：'寒绯樱'为单瓣或复瓣，花瓣5～15枚，花态钟形而不开张，花径1.5～2.0厘米，斜生枝条较多；'云南早樱'为重瓣，花瓣20～22枚，花态较'寒绯樱'开张，花径3.0～3.3厘米，横生枝条较多。

'寒绯樱'　　　　　　　　　　　　　　'云南早樱'

图3-61　容易混淆的樱花：'寒绯樱'与'云南早樱'

3. '大岛'与'变大岛'（图3-62）

相似之处：中花品种，花白色，花叶同放，花瓣5枚，花径相似。

'大岛'   '变大岛'

图3-62 容易混淆的樱花：'大岛'与'变大岛'

区别之处：'变大岛'花初开为白色，随着花的开放，花色慢慢变红；'大岛'没有变色的特性。

4. '飞寒樱'、'阳光'与'横滨绯樱'（图3-63）

相似之处：花红色，先于叶开放，花瓣5枚，花径、花态相似。

区别之处：在武汉这三个品种的开花顺序是'飞寒樱'、'阳光'、'横滨绯樱'，'飞寒樱'、'阳光'为早花品种，而'横滨绯樱'为中花品种；'阳光'花萼和花梗有毛，而'飞寒樱'、'横滨绯樱'花萼和花梗光滑无毛；盛开时，'飞寒樱'、'阳光'的花色比'横滨绯樱'浅一些；'飞寒樱'花瓣为椭圆形，花态开张，盛开时5枚花瓣分离而平展于一个平面上，而'阳光'、'横滨绯樱'花瓣近圆形，盛开时花态不及'飞寒樱'开张。

'飞寒樱'   '阳光'   '横滨绯樱'

图3-63 容易混淆的樱花：'飞寒樱'、'阳光'与'横滨绯樱'

5. '八重红枝垂'与'雨情垂枝'（图3-64）

相似之处：垂枝樱花，中晚品种，花红色，花叶同放，花径相似。

区别之处：'雨情垂枝'花萼不肿大，萼筒不明显，而'八重红枝垂'花萼为筒形。

'八重红枝垂'　　　　　　　　　　　'雨情垂枝'

图3-64　容易混淆的樱花：'八重红枝垂'与'雨情垂枝'

6. '关山'与'麒麟'（图3-65）

相似之处：重瓣晚花品种，花红色，花叶同放，花径相似，树形相似。

区别之处：'关山'春叶紫红色，花瓣33～35枚；'麒麟'春叶绿褐色，花瓣27～30枚。

'关山'　　　　　　　　　　　　'麒麟'

图3-65　容易混淆的樱花：'关山'与'麒麟'

7. '普贤象'与'松月'（图3-66）

相似之处：重瓣晚花品种，花粉色，花径、花态相似，树形相似。

'普贤象'　　　　　　　　　　　'松月'

图3-66　容易混淆的樱花：'普贤象'与'松月'

区别之处：'普贤象'花叶同开，春叶紫红色；'松月'先于叶开放，春叶绿色，花色较'普贤象'亮丽。

第三节　樱花与梅花在品种形态上的异同

樱花与梅花均为蔷薇科核果类落叶乔木或小乔木，千姿百态，两者的花在结构上均具有典型蔷薇科核果类植物的特性，下面简述它们的异同。

一、枝条生长方向

梅花有直枝者，也有垂枝者，甚至还有龙游者，樱花有直枝和垂枝两类，但还未发现龙游樱花。我国垂枝梅品种较多，有超过30个品种，其中较为优良的品种有'粉皮垂枝'、'锦生垂枝'、'双碧垂枝'、'单碧垂枝'等。日本垂枝樱品种较为丰富，据说有几十个品种，有单瓣、重瓣、菊瓣的品种，我国常见栽培的垂枝樱有'八重红枝垂'、'雨情垂枝'、'矮枝垂'等。

二、花色

梅花与樱花的花色均有白、粉、红、黄、绿白等颜色，其中绿梅和绿樱均为珍稀品种。在我国，自古绿萼梅就深得人们喜爱，其花单瓣、复瓣或重瓣，全国有近30个品种，如'金钱绿萼'、'台阁绿萼'、'变绿萼'、'小绿萼'等。樱花中的绿樱初开时花瓣和花萼均为绿色，常见的绿樱品种有'郁金'和'御衣黄'。

梅花和樱花中均具有花色变化的品种。花色变化能引起人们极大的观赏兴趣，从一定角度来说，花色变化赋予了花卉动态之美。梅花中的变色品种俗称"洒金梅"、"跳枝梅"，其花色以白色为主，但每朵白花上必洒红条或红斑，有时一朵白花上跳出几片红瓣，有时一束白花枝跳出几朵红花，甚至一树可跳出几枝红花。梅花花色的这种"洒金"和"跳枝"的动态之美，给人新奇的感觉。目前，我国变色梅花品种有'单瓣跳枝'、'米单跳枝'、'复瓣跳枝'、'昆明小跳枝'、'晚跳枝'等。樱花中也有一些品种在开花过程中花色有明显变化，美丽异常，如'变大岛'、'杨贵妃'等。'变大岛'初开为纯白色，以后花色慢慢变红，近谢时部分花瓣的花色变为大红色；'杨贵妃'初开为粉红色，以后花色慢慢变深，近谢时花色变为大红色。

三、花瓣单重性

梅花与樱花均有单瓣、复瓣和重瓣之分，但樱花有菊樱品种，梅花尚未发现菊梅品种。虽然梅花的'金钱绿萼'品种花瓣多达84枚，但与樱花的菊樱相比，其花瓣数还是显得单薄了些，如'兼六园菊樱'花瓣多达300枚。

四、花态和花香

樱花和梅花均有台阁品种。台阁梅最早记载于清代陈淏子的《花镜》中："台阁梅，花开后心中复有一蕊心放出。"当今，随着梅花品种的增多，台阁梅品种也日益丰富，有'算珠台阁'、'贵妃台阁'、'素白台阁'、'台阁朱砂'、'台阁绿萼'等；樱花也有台阁品种，如'妹背'、'梅护寺数珠挂樱'等。在梅花和樱花品种分类中，我们常把台阁变异作为品种分类的特征之一，但这一变异并不十分稳定，常随着栽培条件或气候条件而变化。例如，梅花台阁品种'桃红台阁'和樱花台阁品种'妹背'，在水肥充足、气候条件好的年份，出现的台阁花多且台阁现象明显；而在水肥不充足、气候条件恶劣的年份，出现的台阁花少且不明显。所以为了能欣赏到优美的台阁花，就必须给予台阁品种良好的水肥管理和环境条件。笔者观察，某些樱花品种不经意间也可开出台阁花（图3-67、图3-68），说明台阁这一性状具有不确定性。

图3-67　'关山'开出台阁花　　　图3-68　'普贤象'开出台阁花

梅花与樱花均既有花梗朝上的，也有花梗朝下的。不过梅花花梗朝下的少，如'骨红照水'等；樱花则花梗朝上的少，如'筥峪樱'等。

梅花大多数品种的花具清香，仅有少数品种无香味，如杏梅系梅花，而樱花大多数品种的花无香味，仅有少部分品种有香味，如'千里香'等。

五、二度开花现象

在武汉，梅花一般2月中旬盛开，而樱花一般3月中下旬盛开。樱花和梅花在秋季均有二度开花的现象，即人们常说的"二度梅"和"二度樱"。它们均是干旱或病虫害等原因引起过早落叶造成的不正常的生理现象。不过樱花中有一年多期开花的品种，如'冬樱'、'十月樱'等，但梅花还未发现一年多期开花的品种。

❀ 第四节　樱花品种观赏价值的综合评价

评价一个樱花品种的好坏，以往我们常常从主观喜好上作出判断，没有给出一个定量标准。其实，我们可以借鉴一些系统分析法，如层次分析法，将樱花非定量性状（即定性性状）转换成定量指标，对樱花园艺品种的观赏价值进行综合评价。应该来说，这样的评价是比较全面和客观的，具有一定的说服力。

评价一个樱花品种的观赏价值，可以从以下10个性状因子进行综合分析。

（1）花期：多期樱（即一年多次开花）、早樱、中樱、晚樱。

（2）开花习性：先花后叶、花叶同放。

（3）花色：白色、粉红色、红色、绿色。

（4）花瓣的单重性：单瓣、复瓣、重瓣、菊瓣。

（5）花径：大轮、中轮、小轮。

（6）着花繁密度：繁密、较繁密、一般、较稀少、稀少。

（7）花序花数：一个花序的花朵数量，如5朵花较多、4朵花较多、3朵花较多、2朵花较多、1朵花较多。

（8）特殊性状：芳香樱、台阁樱、红叶樱、钟花樱。

（9）树形：狭锥形（扫帚形）、宽锥形、瓶形、伞形、垂枝形。

（10）树高：乔木、小乔木、灌木。

对于以上这些性状因子，我们可以根据自己的需要或喜好赋予权重值（或分值）。如对于"先花后叶"和"花叶同放"这两个性状，在樱花专类园中，先花后叶性状的观赏价值明显高于花叶同放性状的观赏价值，那么我们就应该赋予先花后叶性状较高的权重值（或分值）；自古物以稀为贵，对于稀有的特征我们应给以较高的权重值（或分值），如绿樱、芳香樱、台阁樱等，这也可以引起重视而给予加强保护；常规性状因子（如花朵数量、花径、花瓣的单重性等）的权重值（或分值）按正常思维来考虑，如着花繁密的肯定高于着花稀少的，花径大的性状肯定高于花径小的性状，重瓣性状肯定高于单瓣性状等。这个分值可以根据需要或喜好而变化，见表3-1。

表3-1　樱花各性状因子评分分值

编号	因子	分值				
		5	4	3	2	1
1	花期	多期樱	早樱、中樱	晚樱		
2	开花习性	先花后叶				花叶同放
3	花色	黄绿	紫红	红	粉红	白
4	花瓣的单重性	菊瓣（300片以上）	菊瓣	重瓣	复瓣	单瓣
5	花径	>5.5	5.5～4.5	4.5～3.5	3.5～2.5	<2.5
6	着花繁密度	繁密	较繁密	一般	较稀少	稀少
7	花序花数（朵）	5	4	3	2	1
8	特殊性状	芳香樱、台阁樱	红叶樱、钟花樱			
9	树形	垂枝	伞形	瓶形	宽锥形	狭锥形
10	树高	乔木	小乔木	灌木		

评价一个樱花品种的观赏价值，需要综合分析该品种的多个性状因子后给出综合结论。有时一个品种的某个性状可以弥补其他性状的不足，如单瓣的早樱品种虽不如重瓣的晚樱品种花径大、花色艳，但由于先花后叶和着花繁密，使得单瓣早樱品种的观赏价值反而胜于重瓣晚樱品种。

❀ 第五节　精品樱花专类园的建立

樱花作为迎春的观赏花卉，近年越来越受到人们的关注和喜爱，全国各地樱花专类园如雨后春笋般建立起来。为了在我国建立更多的精品樱花专类园，我们应该对樱花专类园中樱花品种进行合理搭配。合理搭配樱花品种不仅能延长樱花专类园的观赏期，而且还可大大提升樱花的观赏性和庭园布置的整体景观效果。

樱花单朵花期的寿命很短，一般仅有4～10天，整株樱树从开花到全谢不到半个月，所以樱花给人留下了快开快落的印象。其实建立樱花专类园时只要将樱花的早花、中花和晚花品种合理搭配，就能克服这一缺陷，甚至可将樱花快开快落的习性作为一个非常吸引人的看点（或欣赏点），即落英缤纷景观。

建园之初就应规划好樱花品种搭配的问题，然后按要求进行造景和布置。如果樱花专类园已建成开放，但是樱花景观达不到预期效果，就只有经过每年的调整来逐步提升樱花景观效果了。

樱花的观赏性不同于其他花卉，它是以群体景观取胜。樱花的美在于开时的绚烂和凋时的利落，所以樱花布置多以片植（或群植）为主，如早花片植一片，中花片植一片，晚花片植一片，红缨片植一片，白樱片植一片等。如再配植一些地被植物（二月兰、油菜花），则更具景观冲击力(图3-69至图3-73)。

图3-69 '初美人'、'寒绯樱'等早樱品   图3-70 '关山'晚樱品种片植景观
        种片植景观

图3-71 '关山'、'松月'、'普贤象'等晚樱品种片植景观

图3-72　片植的'关山'与地被植物二月兰配植的景观

图3-73　片植的'染井吉野'与地被植物二月兰、油菜花配植的景观

　　樱花专类园中早花品种（图3-74）、中花品种（图3-75）、晚花品种（图3-76）栽植株数的搭配比例一般是3：6：3。为了突出樱花专类园中早樱景观，也可将早樱的比例适当提高，即早、中、晚花品种的搭配比例可以是4：6：2。樱花专类园中品种的搭配见表3-2。

'大渔樱'

'阳光'

'初美人'

'飞寒樱'

'寒绯樱'

'河津樱'

图3-74　早　樱

'八重红枝垂'

'大岛'

'染井吉野'

图3-75　中　樱

'关山'　　　　　　　　'普贤象'　　　　　　　　'松月'

图3-76　晚　樱

表3-2　樱花专类园中品种的搭配

按花期分类	配置中的典型品种(即适合片植观赏的品种)	先花后叶或花叶同放	花色	单瓣或重瓣	枝条直立或下垂	乔木或小乔木	可点缀的品种	配置比例一	配置比例二
早樱品种	'初美人'	先花后叶	粉红色	单瓣	直立	乔木或小乔木	'河津樱'、'大渔樱'等	3	4
	'飞寒樱'	先花后叶	粉红色	单瓣	直立	乔木			
	'阳光'	先花后叶	粉红色	单瓣	直立	乔木			
	'寒绯樱'	先花后叶	紫红色	单瓣或重瓣	直立	乔木或小乔木			
中樱品种	'染井吉野'	先花后叶	粉白色	单瓣	直立	乔木	'御车返'、'红丰'、'太白'、'变大岛'、'白妙'、'雏菊樱'等	6	6
	'大岛'	花叶同放	白色	单瓣	直立	乔木			
	'八重红枝垂'	先花后叶	粉红色	重瓣	下垂	小乔木			
	'雨情垂枝'	花叶同放	粉红色	重瓣	下垂	小乔木			
晚樱品种	'关山'	花叶同放	粉红色	重瓣	直立	小乔木	'千里香'、'郁金'、'御衣黄'、'妹背'、'大提灯'等	3	2
	'普贤象'	花叶同放	粉白色	重瓣	直立	小乔木			
	'松月'	先花后叶	粉白色	重瓣	直立	小乔木			

（续）

按花期分类	配置中的典型品种(即适合片植观赏的品种)	先花后叶或花叶同放	花色	单瓣或重瓣	枝条直立或下垂	乔木或小乔木	可点缀的品种	配置比例一	配置比例二
多期樱							'冬樱'、'十月樱'等		

注："配置比例二"是突出樱花专类园中早樱景观的比例。

早樱生长健壮，可作乔木栽培，花色多为亮粉色，先于叶开放，在观赏习性和生长习性上具有独特的优势，堪为'染井吉野'的姊妹花。近几年来'初美人'、'飞寒樱'、'阳光'等早樱品种的观赏性也逐渐被人们认知，所以相比于花叶同放的晚樱，早樱更能带给人们视觉的冲击和迎春游赏的理念。

在众多早樱品种中，值得一提的'飞寒樱'、'阳光'品种。在武汉，'飞寒樱'、'阳光'是早樱中花期较晚的品种，所以其花期很有可能与中樱品种'染井吉野'会合。2008年12月，为了营造红白相间的樱花景观，武汉东湖樱花园对进入园正前方'染井吉野'樱花片区进行景观改造，即在这个片区见缝插针地配植20余株'阳光'樱（图3-77）。此后，每到樱花时节，此片区的樱花红白交相辉映，美丽异常（图3-78、图3-79）。

图3-77 见缝插针栽植'阳光'

图3-78 '染井吉野'樱花片区在景观改造前，色彩显得较为单调

图3-79 '阳光'和'染井吉野'红白相间，美丽异常

'染井吉野'是一个非常优秀的樱花品种，在花期分类中属于中樱，其花先于叶开放，开时气势磅礴，灿如云霞，凋时落英缤纷，犹如天女散花。人们提起樱花大多想到的就是'染井吉野'樱花，它是人们心目中最"正宗"的樱花，所以在樱花专类园中'染井吉野'应该是栽植范围和数量最多的樱花品种。'染井吉野'樱花园林应用较广，既可片植、孤植和临水栽植（图3-80），又可作为行道树栽植。纵观我国和日本的樱花专类园，'染井吉野'的种植数量是最多的，有的甚至达到80%。每年武汉东湖樱花园赏中樱的游客人数也是最多的。

图3-80　'染井吉野'临水景观

中花品种的垂枝樱花在樱花专类园是必不可少的。其枝条自然下垂，婀娜多姿，为樱中奇品。既能观花，又可赏形，或临风，或照水，或倚坡，或伴亭，点即成景，特别是在水景配置，其景自成。垂枝樱花的寿命一般大于其他樱花，生长多年后可形成花瀑布景观，故有人称垂枝樱花为瀑布樱花（图3-81、图3-82）。

图3-81　溪流边垂枝樱花景观

图3-82　垂枝樱的瀑布樱花景观

晚樱花大瓣重，相比于早樱和中樱，晚樱更适合单株和单朵欣赏，甚至可制作成樱花盆景来欣赏，所以樱花专类园在片植樱花景观中应随处点缀一些晚樱品种，以增加人们的"寻樱"之趣。当然晚樱中的'关山'、'普贤象'、'松月'等品种片植起来，其景观也是蔚为壮观的。

　　樱花专类园中早樱景观、中樱景观、晚樱景观均应以几种典型品种为主，再适当搭配一些其他品种，以增加樱花观赏的趣味性和科普性。适宜点缀樱花专类园的特色樱花品种有多期樱（图3-83、图3-84）、绿樱（图3-85）、台阁樱（图3-86）、芳香樱（图3-87）、变色樱（图3-88）、菊樱（图3-89）、垂枝樱（图3-90）、大花樱（图3-91）等。

图3-83　多期樱：'冬樱'

图3-84　多期樱：'十月樱'

图3-85　绿樱：'郁金'

图3-86　台阁樱：'妹背'

图3-87　芳香樱：'千里香'

图3-88　变色樱：'变大岛'

图3-89　菊樱：'雏菊樱'

图3-90　垂枝樱：'雨情垂枝'

图3-91　大花樱：'大提灯'

❀ 第六节　常见栽培樱花品种的园林应用

一、适宜群植的樱花品种

樱花在园林景观中群植，可形成大规模的景观效果。群植樱花欣赏的是集约景观效果，故对品种的选择不太严格，除比较矮小的品种（如'小寒樱'、'御车返'等）以及着花率较低的品种（如'兼六园菊樱'等）外，大多数的樱花品种均可在园林中进行群植。

二、适宜孤植的樱花品种

有些樱花品种树形优美潇洒，比较适宜在园林中孤植欣赏。草坪上、雪松前及景墙边等环境，樱花孤植皆可得到良好的观赏效果。樱花孤植对品种要求比较严格，不仅要求树形饱满，而且要求着花率高，最好是先花后叶的品种。适宜孤植的樱花品种有'初美人'、'寒绯樱'、'飞寒樱'、'大渔樱'、'山大岛'、'染井吉野'、'八重红枝垂'、'雨情垂枝'、'松月'、'普贤象'等。

有些樱花品种虽然树形不太优美，但其在花色和花态上非常出色，这些品种的樱花也可进行孤植，以赏其独特的花色、花态之美，如'阳光'、'太白'、'红丰'、'大提灯'、'御衣黄'、'郁金'等。

三、适宜依塔伴亭的樱花品种

为了衬托园林中塔亭的景观，依塔伴亭的樱花其树形必须优美，故对品种的要求与孤植的樱花品种一样严格，所以适宜依塔伴亭的樱花品种参见适宜孤植的樱花品种。

四、适宜临水点桥的樱花品种

樱花临水点桥，既可欣赏对影弄枝，又可欣赏落英浮水。垂枝樱品种（如'八重红枝垂'、'雨情垂枝'、'矮枝垂'等）是配植园林中水体景观的绝好植物。除了垂枝樱外，有些直枝樱临水栽植，其景观效果也很好，如'云南早樱'、'山大岛'、'染井吉野'、'关山'等。

五、适宜行道树栽植的樱花品种

有些樱花品种生长得高大开张，其树形为乔木状，可作为行道树栽培，如'染井吉野'、'大寒樱'、'手弱女'、'大岛'、'仙台屋'、'千里香'等。花开时节，樱花的行道景观可形成一条气势磅礴的樱花花带。

六、适宜制作盆景的樱花品种

樱花制作盆景在日本较多，在我国不多见，但正在进行不断尝试。有些樱花品种比较适合盆栽观赏，如'矮枝垂'、'八重红枝垂'、'雨情垂枝'、'御车返'、'高砂'、'红鹤樱'、'松月'、'杨贵妃'、'关山'等。

❀ 第七节　早樱的园林观赏特点

一、早樱的园林优良性状

在以前的园林景观中人们见到的多是中樱（以'染井吉野'品种为多）和晚樱（以'关山'品种为多），而早樱品种不多见。近几年随着赏樱热潮的高涨，早樱的优良性状渐渐受到人们的关注和喜爱，一些园林景观中常可见到它们的身影，不过有不少游客并不认识，而将其误认为梅花或者桃花。所以笔者在这里科普一下早樱，让更多人认识它们、喜爱它们。在园林中，早樱的优良性状表现如下。

1.品种较多　早樱的花色有亮粉、粉红、紫红、白等；花瓣有单瓣的，也有重瓣的；按照树体高度可将早樱分为小乔木和大乔木栽培。所以在园林景观中，早樱应用形式可以多种多样。

2.花期特点　在武汉，早樱的花期紧接在梅花之后，梅花开在寒冷之时，而早樱则开在乍暖还寒之时，早樱可谓是拉开每年春游的序幕。不同早樱品种花期可跨度20余天。在武汉，梅花的花期和人们心目中最"正宗"的樱花（即'染井吉野'品种）的花期有一个空档期，而早樱则将两者的花期连接起来，起到了一个很好的衔接和补充作用。

3.花色特点　早樱品种中，亮粉色的花色较多，这样的色彩无论孤植还是片植，在早春季节的景观效果都非常突出（图3-92、图9-93）。

图3-92　早花品种'飞寒樱'景观

图3-93　早花品种'阳光'景观

4.先花后叶习性　早樱大多具有先花后叶的习性，相比于花叶同放的晚樱，早樱的先花后叶更能带给人们视觉的冲击。武汉东湖樱花园每年早樱的游客人数多于晚樱的游客人数，也能说明人们对早樱的钟爱程度。

5.着花率高　与晚樱相比，早樱开花繁密，盛开时满树繁花引人入胜。

6.易于栽培　早樱生长健壮，易于栽培。具体表现在：早樱嫁接繁殖成活率高，三年生嫁接苗就可以定植观赏；早樱生长势强，生长迅速，如'飞寒樱'、'初美人'等早樱，其三年生嫁接苗的干径抵得上其他樱花品种五年生的嫁接苗；早樱抵抗力强，病虫害较少。

二、常见的早樱品种性状

在武汉，不同早樱品种的花期联合起来时间可以持续较长，即从2月中旬开始开花可以一直持续到3月上旬。下面笔者按早樱常年开花的先后顺序介绍一些常见的早樱品种（表3-3），以便人们在赏玩时加以辨识，同时园林从业人员也可在景观配置时合理选用早樱（图3-94至图3-106）。

图3-94　'小寒樱'树形

图3-95　'启翁樱'树形

图3-96 '河津樱'树形

图3-97 '大渔樱'树形

图3-98 '初美人'树形

图3-99 '云南早樱'树形

图3-100 '寒绯樱'树形

图3-101 '日本早樱'树形

图3-102　'山樱'树形

图3-103　'大寒樱'树形

图3-104　'飞寒樱'树形

图3-105　'山大岛'树形

图3-106　'阳光'树形

表3-3 常见的早樱品种介绍

序号	品种名	别名	按花期分类	花期（武汉）	先花后叶或花叶同放	嫩叶颜色	花色	单瓣或重瓣	花径大小	树形	枝条直立或下垂	乔木或小乔木	结实性	特点
1	'寒樱'	'小寒樱'	早花品种	每年早春（2月上旬到3月中旬），从'寒樱'1号到13号序的阳光，持续开花	先花后叶	紫褐色	粉红色	单瓣	小轮	伞形	直立	小乔木	不易结实	'寒樱'的花色和树形在园林中并不起眼，但由于其花期较早，所以在园林中也占有一席之地
2	'启翁樱'		早花品种		先花后叶	浅紫褐色	粉红色	单瓣	小轮	瓶形	直立	小乔木	结实	具有一定的果树形状
3	'河津樱'		早花品种		先花后叶或花叶同放	浅紫褐色	亮粉色	单瓣	中轮	伞形	直立	小乔木	结实	花亮粉色，叶芽萌动较早
4	'大渔樱'		早花品种		先花后叶	绿色	亮粉色	单瓣	中轮	伞形	直立	乔木	不易结实	树态舒展；花亮粉色，花开繁密
5	'初美人'	'椿寒樱'	早花品种		先花后叶	浅紫褐色	亮粉色	单瓣	中轮	伞形	直立	乔木	不易结实	花亮粉色，花瓣微缺内卷，开花繁密紧凑
6	'云南早樱'		早花品种		先花后叶	紫褐色	紫红色	重瓣	中轮	伞形	直立	小乔木	不易结实	花态低垂、呈半开状的钟形，花色紫红
7	'寒绯樱'	'绯寒樱'	早花品种		先花后叶	绿色	紫红色	单瓣或重瓣	小轮	伞形	直立	乔木	不易结实	花态低垂、呈半开状的钟形，花色紫红

（续）

序号	品种名	别名	按花期分类	花期（武汉）	先花后叶或花叶同放	嫩叶颜色	花色	单瓣或重瓣	花径大小	树形	枝条直立或下垂	乔木或小乔木	结实性	特点
8	'日本早樱'		早花品种	每年早春（2月中旬到3月上旬），从序号1的'寒樱'到序号13的'阳光'，持续开花	先花后叶	浅紫褐色	粉白色	单瓣	小轮	伞形	直立	小乔木	结实	花态轻盈，花色娇艳，花谢落瓣后花能宿存几天，远望如红云一片
9	'山樱'		早花品种		先花后叶	浅紫褐色	粉白色	单瓣	小轮	瓶形	直立	乔木	结实	叶片有毛，触之有绒缎感
10	'大寒樱'		早花品种		先花后叶	紫褐色	粉红色	单瓣	中轮	宽锥形	直立	乔木	不易结实	树体高大
11	'飞寒樱'		早花品种		先花后叶	绿色	亮粉色	单瓣	大轮	瓶形	直立	乔木	结实	花亮粉色，花态开张，盛开时5枚花瓣分离而平展于一个平面上
12	'山大岛'		早花品种		先花后叶	绿色	青白色	单瓣	中轮	伞形	直立	乔木	结实	花瓣青白色，花萼绿色
13	'阳光'		早花品种		先花后叶	绿色	亮粉色	单瓣	大轮	瓶形	直立	乔木	不易结实	花亮粉色，花态圆整，瓣上红脉明显

✿ 第八节 常见樱花品种介绍

一、多期樱

1. '冬樱'（图3-107） 先花后叶或花叶同放；春季嫩叶浅紫褐色；花蕾粉红色；花盛开近白色，花瓣5枚，罕4枚（图3-108），花盛开较平展；花径3.0～4.0厘米；花1～3朵一束；雌蕊1个；雌蕊辐射状，花丝白色，近谢变红；花萼浅紫褐色，筒形，5片；一年中可以分别在1月、3月和10～12月间（武汉）开几次花。

图3-107 '冬樱'

图3-108 '冬樱'花瓣罕4枚

2. '十月樱'（图3-109） 花叶同放；春季嫩叶紫褐色；花蕾粉红色，蕾期雌蕊常外露；花淡粉色，花瓣15～17枚，长椭圆形，瓣型飞舞；花径2.8～3.2厘米；花1～3朵一束，伞形花序；花梗有毛；雌蕊1个；雄蕊短小，集束花心；花萼紫褐色，筒形，5片；在温暖的地区整个冬天可以不间断地开放，春季开花量较多。

图3-109 '十月樱'

二、早花品种

（按武汉常年开花的先后顺序排序，中花品种和晚花品种同）

1. '寒樱'（图3-110）　又名'小寒樱'。先花后叶；春芽紫褐色；花蕾红色；花粉色，花瓣5枚；花径2.2～3.0厘米；雌蕊1个，略短于雄蕊；花丝白色；花萼浅紫褐色，筒形，5片；花2～4朵一束，总状花序；1月下旬就开始零星开花，2月中下旬盛开（武汉）。据说是'寒绯樱'和'山樱'的杂交品种。

图3-110　'寒樱'

图3-111　'启翁樱'

2. '启翁樱'（图3-111）　先花后叶；春芽浅紫褐色；花蕾粉色；花浅粉色，花瓣5枚，花瓣边缘有红晕，有的红晕从瓣尖延长到花瓣基部；花径2.2～2.6厘米；雌蕊1～2个；雄蕊散射，均短于花瓣；花萼浅紫褐色，筒形，或略扁，有毛，5片，另常有萼瓣1个；花2～4朵一束，伞形花序；2月中下旬至3月上旬盛开（武汉）；易结实。

3. '河津樱'（图3-112）　花叶同放；春季嫩叶绿色；花蕾红色；花粉红色，花瓣5枚，花瓣近圆形；花径3.6～4.4厘米；雌蕊1个，略短于雄蕊，花丝白色；花萼浅紫褐色，筒形，5片；花3～5朵一束，总状花序；2月下旬至3月上旬盛开（武汉）；能结实。

图3-112　'河津樱'

4.'大渔樱'（图3-113） 先花后叶；春季嫩叶绿色；花蕾粉红色；花淡粉色，瓣色不匀，花瓣5枚；花径3.0～4.2厘米；雌蕊1个，略短于雄蕊；花丝白色；花萼浅紫褐色，筒形，5片；花2～3朵一束，总状花序；2月下旬至3月上旬盛开（武汉）。

图3-113 '大渔樱'

5.'初美人'（图3-114） 又名'椿寒樱'。先花后叶；春芽浅紫褐色；花蕾红色；花粉色，花瓣5枚，近圆形，微皱向内卷；花径2.5～3.2厘米；雌蕊1～2个，雄蕊辐射，约与花瓣等长，花丝近白色，盛开后浅紫红色；花萼筒形，5片，浅紫褐色；花2～5朵一束，伞形花序，开花繁密紧凑；2月中下旬至3月上旬盛开（武汉）。

图3-114 '初美人'

6.'云南早樱'（图3-115） 又名红花高盆樱花。先花后叶；春芽紫褐色；花蕾紫红色，蕾期雌蕊外露；花紫红色，呈半开状低垂（'云南早樱'与'寒绯樱'是红色最深的2个品种）；花瓣20～22枚，常有雄蕊变瓣（即旗瓣）1～2枚；花径3.0～3.3厘米；雌蕊2～3个；雄蕊散射，均短于花瓣，花丝浅紫红色；花萼筒形，无毛，深紫褐色，5片，罕6片，另常有萼瓣1个；花1～5朵一束，伞形花序；2月中下旬至3月上旬盛开（武汉）。

图3-115 '云南早樱'

7.'寒绯樱'（图3-116） 花色较深，故名。又名钟花樱、绯樱、绯寒樱。先花后叶；春芽绿色；花蕾紫红色；花紫红色，钟形，呈半开状低垂；花单瓣或重瓣，5～12枚；花径1.5厘米左右；雌蕊1个；雄蕊均短于花瓣，花丝浅紫红色；花萼筒形，略扁，无毛，深紫褐色，5片，另常有萼瓣1个；花1～3朵一束，伞形花序；2月中下旬至3月上旬盛开（武汉），与'云南早樱'花期相近。分布于中国南部和台湾，日本冲绳也较多。

图3-116 '寒绯樱'

8.'日本早樱'（图3-117） 叶片有毛，触之有毛绒感；先花后叶；春芽浅紫褐色；花蕾粉色，卵圆形，雌蕊外露；花粉白色，花瓣5枚，花瓣边缘有红晕；花径2.2～2.4厘米；雌蕊1个；雄蕊散射，花丝浅紫红色；花萼浅紫褐色，筒形，有毛，5片，另常有萼瓣1个；花梗有毛；花1～3朵一束；花期2月下旬至3月上旬盛开（武汉）；花谢后花瓣脱落，但花丝还能宿存几天，远望之，如红云一片，甚美；易结实（图3-118）。

图3-117 '日本早樱'

图3-118 '日本早樱'易结实

图3-119 '山樱'

9. '山樱'（图3-119） 叶片有毛，触之有毛绒感；先花后叶；春芽浅紫褐色；花蕾粉白色，卵圆形；花粉白色，花瓣5枚；花径2.8～3.2厘米；雌蕊1个；花丝近白色；花萼浅紫褐色，筒形，有毛，5片，顶略尖；花梗有毛；花2～4朵一束，伞形花序；2月下旬至3月上旬盛开（武汉）；花谢后花瓣脱落，但花丝还能宿存几天；能结实。

10. '大寒樱'（图3-120） 先花后叶；春芽紫褐色；花蕾红色；花粉红色，花瓣5枚，近圆形；花径2.8～3.0厘米；雌蕊1个，略短于雄蕊；花丝白色；花萼浅紫褐色，筒形，5片；花2～4朵一束，总状花序；2月下旬至3月上旬盛开（武汉），花期比'染井吉野'早1周左右；能结实。

图3-120 '大寒樱'

11. '飞寒樱'（图3-121） 先花后叶；春芽绿色；花蕾玫红色；花浅玫红色，花瓣5枚，椭圆形，花态开张，盛开时5枚花瓣分离而平展于一个平面上；花径3.8～4.4厘米；雌蕊1个；雄蕊散射，有长有短，花丝白色；花萼浅紫褐色，筒形，5片，另常有萼瓣1个；花1～3朵一束；3月上中旬盛开（武汉）；能结实。

图3-121 '飞寒樱'

12.'山大岛'（图3-122）　先花后叶；春季嫩叶绿色；花青白色，花瓣5枚，近圆形；花径2.2～2.4厘米；雌蕊1个；雄蕊辐射，花丝白色，略与瓣等长；花萼筒形，5片，绿色；花3～5朵一束；3月上中旬盛开（武汉）。

图3-122　'山大岛'

图3-123　'阳光'

13.'阳光'（图3-123）　先花后叶；嫩叶绿色；花蕾红色；花粉红色，花瓣5枚，花态圆整，瓣上红脉明显；花径3.0～3.5厘米；雌蕊1个；花丝浅红色；花萼紫褐色，筒形，5片；花梗有毛；花2～5朵一束；3月中下旬盛开（武汉）。花形与'横滨绯樱'较为相似，但'阳光'的花萼和花梗均有毛，而'横滨绯樱'均无毛。

三、中花品种

图3-124　'染井吉野'

1.'染井吉野'（图3-124）　先花后叶；嫩叶浅紫褐色；花蕾粉红色；花初开为粉白色，完全绽放时逐渐转白，花瓣5枚，罕6枚，花瓣近圆形；花径2.6～3.0厘米；雌蕊1个，较短；雄蕊也较短，集束花心，花丝白色；花萼筒形，有毛，浅紫褐色，5片，罕有一萼瓣化；花1～5朵一束，多3～5朵一束；3月中下旬盛开（武汉）；能结实。

图3-125 '大岛'

2. '大岛'（图3-125） 花叶同放；春季嫩叶绿色；花蕾白色，有的带有红晕；花白色，花瓣5枚，花瓣近圆形，微皱；花径3.4～3.8厘米；花有较浓的蔷薇花科的粉香味；雌蕊1个；花丝白色；花萼筒形，无毛，5片，底为绿色，向阳面有红晕；花2～5朵一束；3月中下旬盛开（武汉）；易结实。许多樱花园艺品种源自'大岛'。

3. '变大岛'（图3-126） 花形与'大岛'相似。花叶同放；春季嫩叶绿色；花蕾白色，稀有红晕；花初开为白色，随着花的开放，会慢慢变红，甚奇特；花瓣5枚，近圆形，微皱；花径3.4～3.8厘米；雌蕊1个；雄蕊集束花心，花丝初开为白色，随着花的开放，也会慢慢变红；花萼筒形，无毛，5片，底为绿色，向阳面有红晕；花2～5朵一束；3月中下旬盛开（武汉）。

图3-126 '变大岛'

4. '红鹤樱'（图3-127） 先花后叶；嫩叶浅褐色；花蕾红色；花粉红色，花瓣5枚，瓣型椭圆，盛开时花瓣分离；花径2.8～3.6厘米；雌蕊1个；雄蕊短小，集束花心；花萼筒形，有毛，5片；花梗有毛，较短；花1～4朵一束，总状花序；3月下旬盛开（武汉）。

图3-127 '红鹤樱'

5.'横滨绯樱'（图3-128） 先花后叶；嫩叶绿色；花蕾红色；花红色，花瓣5～7枚，多5枚，花瓣近圆形，瓣上红脉明显；花径3.8～4.4厘米；雌蕊1个，长于花丝；花丝有长有短，白色；花萼筒形，紫褐色，5片；花梗光滑无毛；花2～5朵一束；3月中下旬盛开（武汉）。

图3-128 '横滨绯樱'

6.'仙台屋'（图3-129） 花叶同放；春芽深紫褐色；花蕾粉色；花粉色，深浅不匀，花瓣5～6枚，多5枚；花径3.4～4.2厘米；雌蕊1个；花丝白色；花萼浅褐色，筒形，5片；花2～3朵一束，总状花序；花梗无毛；3月中下旬盛开（武汉）。

图3-129 '仙台屋'

7.'内里樱'（图3-130） 花叶同放；春芽紫褐色；花蕾白色；花白色，花瓣5枚；花径1.8～2.2厘米；雌蕊1个，略长于花丝；花丝白色，集束花心；花萼淡紫色，筒形，5片；花2～3朵一束；3月下旬盛开（武汉）；易结实。

图3-130 '内里樱'

图3-131 '鸳鸯樱'

8．'鸳鸯樱'（图3-131）花叶同放；新叶紫褐色，较小，有毛质感；花蕾较小，红色；花淡粉色，花瓣15～25枚，瓣型较细长，花瓣有波纹；花径2.4～3.4厘米；雌蕊1个；花丝白色，较细；花萼紫褐色，筒形，5片；花1～3朵一束，总状花序；花梗有毛；3月下旬盛开（武汉）。

9．'八重红枝垂'（图3-132）垂枝樱品种。先花后叶；春芽绿色；花蕾红色，雌蕊常外露；花初开红色，盛开时粉白色；花瓣20～23枚，外瓣较飞舞；花径2.8～3.2厘米；雌蕊多2个，短于花瓣而略长于花丝；花丝白色，集束花心；花萼紫褐色，筒形，5片；花梗有毛；花1～3朵一束；3月下旬盛开（武汉）。

10．'矮枝垂'（图3-133）垂枝樱品种。花叶同放；春芽浅褐色，嫩叶色较亮丽；花蕾浅粉色；花粉白色，花瓣5枚；花径3.0～3.5厘米；雌蕊1个；花丝白色；花萼筒形，无毛，浅紫褐色，5片；花2～4朵一束；3月中下旬盛开（武汉）。其垂枝树形奇特，适合制作樱花盆景。

图3-132 '八重红枝垂'

图3-133 '矮枝垂'

11. '雨情垂枝'（图3-134）　垂枝樱品种。花叶同放；春芽绿色；花蕾红色，雌蕊外露；花初开粉红色，盛开颜色变浅；花瓣16～18枚，常有雄蕊变瓣1～3枚；花径2.8～3.4厘米；雌蕊1～2个或退化，略长于花丝；花丝白色，集束花心；花萼绿底上有紫红晕，5片，萼筒不明显（即不肿大），此与'八重红枝垂'品种有别；花梗有毛；花2～4朵一束；3月下旬盛开（武汉）。

12. '重瓣早笑'（图3-135）　又名'八重红大岛'。花叶同放；嫩叶浅紫褐色；花蕾粉红色，花粉色，花瓣17～20枚；花径3.8～4.2厘米；雌蕊1个；花丝白色；花萼浅紫褐色，筒形，5片；花1～3朵一束，总状花序；3月下旬盛开（武汉）。

图3-134　'雨情垂枝'

图3-135　'重瓣早笑'

13. '笑耶姬'（图3-136）　花叶同放；新叶绿色；花蕾淡红色；花初开粉白色，近谢花色加深，花瓣5～6枚；花径3.2～3.5厘米；雌蕊1个；花丝白色，盛开转谢时花丝加深；花萼绿底略有浅褐晕，筒形，5片；花1～5朵一束，总状花序；3月下旬盛开（武汉）；能结实。

图3-136　'笑耶姬'

14. '御车返'（图3-137） 先花后叶或花叶同放；嫩叶绿叶；花蕾粉红色；花淡粉红色，5～8枚，另有雄蕊变瓣1～2枚，瓣质较厚；花径3.4～4.5厘米；雌蕊1个，与花丝等长；花丝白色；花萼淡紫褐色，筒形，略扁，5片；花1～4朵一束；花梗较短；3月下旬盛开（武汉）。

图3-137 '御车返'

15. '束花大岛'（图3-138） 花开成束，故名。花叶同放；春季嫩叶绿色；花蕾白色；花白色，花瓣5枚；花径3.4～3.9厘米；花有较浓的蔷薇花科的粉香；雌蕊1个；花丝白色；花萼筒形，无毛，5片，底为绿色，向阳面有红晕；花2～6朵一束，总状花序；3月下旬盛开（武汉）；花期比'大岛'晚几天，故又名'晚大岛'。

图3-138 '束花大岛'

图3-139 '太白'

16. '太白'（图3-139） 花叶同放；嫩叶浅褐色；花蕾粉白色；花盛开为白色，花瓣多5枚，罕6枚，花瓣搭接较多，瓣质较厚，近圆形；花径4.4～5.0厘米；雌蕊1～2个；花丝白色，集束花心；花萼绿底有紫晕，筒形，5片；花1～4朵一束，总状花序；3月下旬盛开（武汉）。

17. '白雪'（图3-140）　花叶同放；嫩叶浅褐色；花蕾浅粉色；花白色，花瓣5枚，瓣型圆正，花瓣之间搭接较'太白'少；花径4.0～4.5厘米；雌蕊1个；花丝白色，近谢时变为红色；花萼绿底有紫晕，筒形，5片；花梗有毛；花1～3朵一束，总状花序；3月下旬盛开（武汉）。

图3-140　'白雪'

图3-141　'朱雀'

18. '朱雀'（图3-141）　花叶同放；嫩叶浅褐色；花蕾红色；花粉红色，花瓣9～11枚；花径3.8～4.4厘米；雌蕊1个，较短；花丝白色，集束花心；花萼绿底有紫晕，筒形，5片；花梗长而细；花1～3朵一束，总状花序；3月下旬盛开（武汉）。

19. '红丰'（图3-142）　花叶同放；嫩叶浅褐色；花蕾红色；花粉红色，花瓣11～20枚，有时有雄蕊变瓣1～2枚，瓣缘有细齿；花径4.0～5.0厘米；雌蕊1个；花丝白色；花萼褐紫色，筒形，5片，有细锯齿；花1～3朵一束，总状花序；3月下旬盛开（武汉）。

图3-142　'红丰'

图3-143 '雏菊樱'

20. '雏菊樱'（图3-143） 花叶同放；春叶嫩绿色，花蕾红色，花粉红色，瓣色不匀，外瓣色深，不露心，花瓣70～76枚；花径3.0～4.5厘米；雌蕊1～2个，退化或叶化；雄蕊均瓣化；花萼的萼筒不明显，为单萼（这点有别于其他菊樱），浅紫褐色，5片，顶尖；花1～4朵一束，总状花序；3月中下旬盛开(武汉)。

21. '高砂'（图3-144） 先花后叶；嫩叶紫褐色，触之有毛绒感；花蕾红色；花淡粉色，花单瓣或复瓣，花瓣5～14枚；花径3.5～4.4厘米；雌蕊1个；花丝浅紫色，盛开转谢时花丝加深；花萼绿底有紫晕，筒形，5片；花梗有毛，较短；花1～4朵一束，总状花序；3月下旬盛开（武汉）。

图3-144 '高砂'

图3-145 '白妙'

22. '白妙'（图3-145） 花叶同放；嫩叶浅褐色;花蕾浅粉色；花白色，10～20枚，罕5～7枚，瓣质较厚，花态圆满，外层花瓣平展，内层花瓣皱褶；花径4.0～5.5厘米；雌蕊1个；花丝白色，集束花心；花萼绿色，有浅褐晕，筒形，无毛，5片；花1～4朵一束；3月下旬盛开（武汉）。

23.'岚山'（图3-146） 花叶同放；新叶紫褐色；花蕾粉红色；花粉色，花瓣5～12枚，花态圆正；花径3.2～3.8厘米；雌蕊1个；花丝白色；花萼绿底半洒紫褐晕，筒形，5片，无毛；花2～4朵一束，总状花序；3月下旬盛开（武汉）。

图3-146 '岚山'

24.'八重红樱'（图3-147） 花叶同放；嫩叶浅紫褐色；花蕾粉红色，花粉色；花瓣10～14枚；花径2.8～3.5厘米；雌蕊1个；花丝白色，较短，集束花心；花萼浅紫褐色，筒形，5片；花梗较短；花1～3朵一束，总状花序：3月下旬盛开（武汉）。

图3-147 '八重红樱'

四、晚花品种

1.'关山'（图3-148） 俗称"红樱"。花叶同放；春叶紫褐色；花蕾红色；花粉红色，花瓣33～35枚；花径5.5～6.2厘米；雌蕊1～2个，有叶化现象；花丝短小；花萼筒形，无毛，5片，紫褐色；花1～3朵一束，伞形花序；3月下旬至4月上旬盛开（武汉）。

图3-148 '关山'

图3-149 '千里香'

2. '千里香'（图3-149） 花有芳香，故名。花叶同放；春叶紫褐色；花蕾淡粉色；花白色，5枚，常有雄蕊变瓣1～2枚，花态圆形，瓣缘波状；花径3.0～4.0厘米；花萼绿底洒紫晕，筒形，5片；雌蕊1个；花丝白色，集束花心，近谢时花丝变红；花1～3朵一束，总状花序；3月下旬盛开（武汉）；能结实。

3. '大提灯'（图3-150） 花叶同放；嫩叶紫褐色；花蕾粉红色；花淡粉色；花单瓣或复瓣，花瓣5～12枚，瓣质较厚，花较皱褶，花态较美；花径4.0～4.8厘米；雌蕊1个；雄蕊短小，集束花心；花萼绿底半边洒紫晕，筒形，5片；花1～3朵一束，总状花序；3月下旬盛开（武汉）。

图3-150 '大提灯'

图3-151 '一叶'

4. '一叶'（图3-151） 花叶同放；嫩叶浅褐色；花蕾淡粉色；花初开时淡红色，后近白色，花瓣18～22枚；花径4.2～4.6厘米；雌蕊1个，多叶化，花心有1枚瓣化雌蕊伸出，故得此名；花丝白色，集束花心；花萼绿底有紫晕，筒形，5片；花多1～3朵一束，总状花序；3月下旬盛开（武汉）。

5. '手弱女'（图3-152） 花叶同放；嫩叶紫褐色；花初开时淡粉色，盛开近白色，瓣10 ~ 13枚，有时有雄蕊变瓣1 ~ 2枚；花径3.5 ~ 4.8厘米；雌蕊1个；花丝白色；花萼褐色，筒形，5片；花1 ~ 4朵一束，总状花序；3月下旬盛开（武汉）。

图3-152 '手弱女'

6. '虎之尾'（图3-153） 花叶同放；春叶浅紫色；花蕾浅粉色；花白色；花瓣50 ~ 58枚；花径3.0 ~ 3.6厘米；雌蕊1个或退化；雄蕊短小，多瓣化；花萼近绿色，筒形，5片；花2 ~ 3朵一束，总状花序；3月下旬至4月上旬盛开（武汉）。因枝干向外延伸很长，花朵生长密集像虎尾一样，故名。

图3-153 '虎之尾'

7. '松月'（图3-154） 先花后叶或花叶同放；春叶绿色；花蕾红色；花初开时淡粉色，随着花朵开放渐变为白色；瓣色不匀，瓣缘色深，花瓣24 ~ 28枚；花径4.2 ~ 4.6厘米；雌蕊2个，多叶化；花丝短小，集束花心；花萼筒形，5片，绿底有紫红晕；花2 ~ 6朵一束，总状花序；3月下旬至4月上旬盛开（武汉）。

图3-154 '松月'

8. '东锦'（图3-155） 花叶同放；嫩叶浅紫褐色，嫩叶色介于'关山'与'松月'之间；花蕾红色；花粉红色，花瓣16～22枚，花瓣较厚实；花径4.5～5.5厘米；雌蕊1个或叶化；花丝少而较短；花萼筒形，无毛，5片，绿底有紫晕；花1～3朵一束，总状花序；3月下旬至4月上旬盛开（武汉）。

图3-155 '东锦'

9. '普贤象'（图3-156） 花叶同放；春叶紫红色；花蕾淡绛红色；花粉白色，瓣色不匀，瓣缘色深，花瓣38～42枚；花径5.0～5.4厘米；雌蕊2个，多叶化；花丝短小，多瓣化；花萼筒形，无毛，5片，紫褐色；花1～3朵一束，伞房花序；3月下旬至4月上旬盛开（武汉）。花心伸出2片由雌蕊叶化的小叶，像普贤菩萨骑象的象牙，故名。

图3-156 '普贤象'

图3-157 '花笠'

10. '花笠'（图3-157） 花叶同放；嫩叶紫褐色；花蕾红色；花粉白色，其花色似'普贤象'，但较'普贤象'略明丽，花瓣34～45枚；花径3.6～4.4厘米；雌蕊多1～2个，或叶化，或台阁状；花丝白色，较短，数量较少；花萼浅褐色，5片；花多1～4朵一束，总状花序；3月下旬至4月上旬盛开（武汉）。

11. '红笠'（图3-158） 花叶同放；嫩叶浅褐色，比'花笠'的嫩叶偏绿；花蕾粉、白相杂；花淡粉色，花色较'花笠'明丽，花瓣56～78枚；花径3.2～4.5厘米；雌蕊叶化；雄蕊退化短小；花萼绿底有紫晕，5片；花多1～4朵一束，总状花序；3月下旬至4月上旬盛开（武汉）；可作乔木栽培。据说是'糸括里樱'的自然杂交品种。

图3-158 '红笠'

12. '郁金'（图3-159） 花叶同放；嫩叶浅褐色；花色淡黄至绿色，花瓣12～19枚，花瓣顶有细锯齿；花径3.2～4.0厘米；初开时绿色不匀，开放后期外层花瓣略带淡红色；花萼5片，有细锯齿，绿底有紫红晕；雌蕊1个或退化；雄蕊短小，集束花心，白色；花1～3朵一束，总状花序；3月下旬至4月上旬盛开（武汉）。

图3-159 '郁金'

13. '御衣黄'（图3-160） 花叶同放；嫩叶紫褐色；花态、花色较独特，花瓣向外翻卷，花黄绿色，花色不匀，一过鼎盛期，绿色花瓣中就夹带着红色脉纹，花瓣10～15枚；花径1.8～2.5厘米；花萼5片，绿色，开放后期有紫晕；雌蕊1个；雄蕊短小退化，集束花心；花1～3朵一束，总状花序；3月下旬至4月上旬盛开（武汉）。

图3-160 '御衣黄'

14. '福禄寿'（图3-161） 先花后叶或花叶同放；嫩叶偏绿色；花蕾粉红色；花初开粉白色，近谢时花色加深，花瓣15～18枚；花径3.5～4.8厘米；雌蕊1个或退化；雄蕊短小，集束花心，花丝白色；花萼筒形，无毛，5片，绿底有紫红晕；花2～4朵一束，总状花序；3月下旬至4月上旬盛开（武汉）。

图3-161 '福禄寿'

15. '杨贵妃'（图3-162） 先花后叶；嫩叶偏绿色；花蕾粉红色；花初开粉红色，瓣色不匀，瓣缘色深，近谢时花色加深，花瓣18～23枚，花态飞舞；花径4.4～5.2厘米；雌蕊1个或退化；雄蕊短小，集束花心，花丝白色；花萼筒形，无毛，5片，绿底有紫红晕；花2～5朵一束，总状花序；3月下旬至4月上旬

图3-162 '杨贵妃'

盛开（武汉）。花形与'福禄寿'相似，但花较大一些，花色也较深一些。

16. '红华'（图3-163） 花叶同放；春叶浅褐色；花蕾红色；花粉红色，花瓣38～44枚；花径3.5～4.2厘米；雌蕊1个，多叶化；花丝短小，集簇花心；花萼筒形，无毛，5片，紫褐色；花2～4朵一束，总状花序；3月下旬至4月上旬盛开（武汉）。

图3-163 '红华'

17.'妹背'（图3-164）花叶同放；嫩叶紫褐色；花粉红色，花台阁现象明显，花瓣33～50枚，另加台阁花瓣15～27枚；花径3.5～5.0厘米；花萼为复萼，10片，不肿大，绿底有紫红晕；雌蕊1～2个或台阁状；花1～3朵一束，总状花序；3月下旬至4月上旬盛开（武汉）。

图3-164 '妹背'

图3-165 '红玉锦'

18.'红玉锦'（图3-165） 又名'松前红玉锦'。花叶同放；嫩叶紫褐色；花蕾粉红色；花淡粉红色；花瓣40～52枚；花径3.0～3.8厘米；雌蕊2或叶化；雄蕊短小或瓣化；花萼5片，绿底有紫红晕；花梗较长，无毛；花1～3朵一束，总状花序；4月上旬盛开（武汉）。每年花量不多。

19.'梅护寺数珠挂樱'（图3-166）花叶同放；嫩叶褐色；花蕾红色；花粉红色，瓣色不匀，有台阁，台阁色深；花瓣84～88枚，另加台阁瓣31～51枚，雌蕊、雄蕊完全瓣花；花径3.5～4.5厘米；花萼为复萼，10片，不肿大，绿底有紫红晕；花1～3朵一束，总状花序，偶有伞形花序；花梗较长，无毛；4月上旬盛开（武汉）。

图3-166 '梅护寺数珠挂樱'

20. '兼六园菊樱'（图3-167） 花叶同放；嫩叶绿褐色；花蕾红色；花粉红色，瓣色不匀，有台阁，台阁色深；花瓣约200枚，有的花瓣数甚至超过300枚；雌蕊、雄蕊完全瓣花；花径3.2～4.6厘米；花萼为复萼，10片，不肿大，绿底有紫红晕；花1～2朵一束，总状花序；花梗无毛；4月上中旬盛开（武汉）；树形宽卵状，可作乔木栽培。每年花量不多。

图3-167 '兼六园菊樱'

21. '鹎樱'（图3-168） 日本樱花品种，引种时误名为'鸭樱'，现更正为'鹎[bēi]樱'。花叶同放；嫩叶浅紫褐色，触之有毛绒感；花蕾深红色，偏圆形，花心外露；初开花时花瓣的内圈为红色，外圈为粉色，一粉一红，甚为奇特；花瓣约200枚；花径4.2～5.0厘米；雌蕊退化；雄蕊短小，花丝白色；花萼5片，不

图3-168 '鹎樱'

肿大，浅紫褐色；花梗有毛；花1～4朵一束；花期较晚，4月上中旬盛开（武汉）。

附：樱花品种性状记载表

编　　号：＿＿＿＿＿＿＿　品种名称：＿＿＿＿＿＿＿

调查日期：＿＿＿＿＿＿＿　记载地点：＿＿＿＿＿＿＿

树　　冠：＿＿＿＿＿＿＿＿＿＿＿＿＿＿＿＿＿＿

枝　　干：＿＿＿＿＿＿＿＿＿＿＿＿＿＿＿＿＿＿

开花状态（先花后叶或花叶同放）：＿＿＿＿＿＿＿＿＿

春芽颜色：＿＿＿＿＿＿＿＿＿＿＿＿＿＿＿＿＿＿

着花状态：＿＿＿＿＿＿＿＿＿＿＿＿＿＿＿＿＿＿

花　　期：＿＿＿＿＿＿＿　花　径（厘米）：＿＿＿＿＿

花　　蕾：＿＿＿＿＿＿＿＿＿＿＿＿＿＿＿＿＿＿

花　　态：＿＿＿＿＿＿＿＿＿＿＿＿＿＿＿＿＿＿

花　　色：＿＿＿＿＿＿＿＿＿＿＿＿＿＿＿＿＿＿

花　　瓣：＿＿＿＿＿＿＿＿＿＿＿＿＿＿＿＿＿＿

萼　　片：＿＿＿＿＿＿＿＿＿＿＿＿＿＿＿＿＿＿

萼　　筒：＿＿＿＿＿＿＿＿＿＿＿＿＿＿＿＿＿＿

花　　柄：＿＿＿＿＿＿＿＿＿　小花柄：＿＿＿＿＿＿＿

雄　　蕊：＿＿＿＿＿＿＿＿＿＿＿＿＿＿＿＿＿＿

雌　　蕊：＿＿＿＿＿＿＿＿＿＿＿＿＿＿＿＿＿＿

花　　心：＿＿＿＿＿＿＿＿＿＿＿＿＿＿＿＿＿＿

其　　他：＿＿＿＿＿＿＿＿＿＿＿＿＿＿＿＿＿＿

第四章

樱 花 栽 培

❀ 第一节　养樱谚语和樱花六怕

一、养樱谚语

· 樱花与梅花，植地忌低洼。

· 樱花剪者为笨伯，不剪梅花亦笨伯。

· 樱桃白玉兰，伤口愈合难。

· 暖地秋植，冷地春植。

· 樱桃好吃树难栽，小曲好唱口难开。

· 樱花七日。

· 麦熟樱桃熟。

· 三月樱桃红不久。

· "立夏"三天樱桃红。

二、樱花六怕

1.怕旱　樱花根系较浅，但叶片较大，叶片不断地蒸腾水分，如果不及时补充水分，叶片就会发生萎蔫，特别是夏季高温时更为严重。

2.怕水　樱花怕积水，如果土壤中的含水量超过25%，樱花根系就会因窒息而腐烂，树干也会发生流胶等现象，严重时甚至树体死亡。

3.怕风　樱花根系浅，主根少、侧根多，遇大风易吹倒；而且，樱花在花期怕风，如樱花盛花3～4天后遇大风，就会加速樱花飘零，甚至满树樱花被吹落殆尽。

4.怕黏　樱花喜欢土层深厚、质地疏松、肥力较高的土壤，不喜欢黏质土，在黏性土中根系发育不良，且易患根癌病。

5.怕盐碱　樱花对盐碱地比较敏感，如土壤中的含盐量超过0.1%，樱花就生长不良，轻者出现黄叶病及缺硼、缺铁、缺钙等缺素症，重者树体死亡。

6.怕重茬 樱花不宜在以前栽过樱花或桃、梅、李等蔷薇科核果类树木的地方栽植，否则生长不良，根癌病发病率高。

❀ 第二节 樱花园12个月管理月历

樱花在我国的不同地区栽植，其物候期相差较大。下面樱花园周年管理日历是根据武汉地区物候期来介绍的，我国其他地区的樱花栽培，可将其物候期与武汉地区进行比较，根据本地区的物候期对樱花各月份的栽培管理进行相应的调整。

1月：樱花即将度过休眠期，此期的主要工作安排是：

上一年12月未完成清园消毒和涂白（若需要）工作的，此月可继续进行（图4-1）。

图4-1 1月：樱花园冬季清园消毒

扫净园内杂草落叶，集中压埋深坑，剪除病枝、枯枝（小规模修剪）并集中烧毁。

继续消除害虫的卵块、蛹茧和越冬虫体。

樱花切接育苗（室外、室内均可）。

月底，针对萌动较早的早樱，必要时追施花前肥。

2月：樱花花蕾萌动，2月中下旬有的早花品种开始开花，此期的主要工作安排是：

樱花继续切接育苗（室外、室内均可）。

进入樱花节筹备及布展阶段。

樱花树的移栽、定植工作。

必要时追施花前肥。

3月：3月中下旬为中樱（即中花品种）的盛花期，是每年樱花节的鼎盛期，游客量最多，此期的工作安排是：

继续樱花树的移栽、定植工作。

樱花高接换头，至樱花发芽前结束。

进行芽接育苗，至发芽前结束。

樱花的杂交育种。

樱花品种性状记载。

室内切接苗移栽（图4-2）。

下旬，针对花谢的樱花开始追施花后肥（图4-3），沟施或穴施均可，施肥后浇一遍水，促进萌芽抽枝。但对于举办樱花节的樱花园，此期的追肥只得等到樱花节结束后进行。

图4-2　3月：樱花室内切接苗移栽

图4-3　3月：樱花花后追肥

4月：春梢抽发，此期工作安排是：

花后大规模修剪。

喷药防治樱花病虫害（图4-4）。

继续进行花后追肥。

樱花园花后浅翻（可仅树盘浅翻）。

中耕除草，全园打草（图4-5）。

图4-4　4月：喷药防治樱花病虫害

图4-5　4月：樱花树树围中耕除草，全园打草

樱花树抹芽（即除蘖）。

检查上一年12月换土复壮樱树的长势，长势弱的树开始搭荫棚保护（武汉）。

月底施一次复合肥。

大风大雨后，对歪倒樱花树的扶正或重植工作（图4-6）。

图4-6　4月：大风大雨后，对歪倒樱花树进行扶正或重植

5月：新梢生长旺期，也有部分樱花的新梢开始停止生长，此期的工作有：

中耕除草，全园打草。

喷药防治叶片穿孔病、叶斑病等叶部病害。

继续修剪小枯枝。

追施有机复合肥或氮、磷、钾复合肥，及时浇水，补充树体营养，提高樱花花芽分化质量。

6月：新梢开始停止生长，也有部分樱花的新梢还在生长，此期的工作安排是：

叶面喷肥。

喷药防治病虫害。

中耕除草，全园打草。

雨季降雨较大时，注意排水，防止涝灾。

干旱时浇水抗旱。

7月：大部分樱花的新梢停止生长，花芽进行生理分化，此期的工作安排是：

中耕除草（图4-7）。

图4-7　7月：树围中耕除草

可进行树盘覆草防旱。

喷药防治病虫，防止落叶。

干旱时浇水抗旱。

注意排涝。

叶面喷肥。

密切注意天牛等枝干害虫的为害，一旦发现，及时治疗。

8月：花芽形态分化开始或者即将开始，此期继续做好：

中耕除草，全园打草。

干旱时浇水抗旱，防止落叶。

防治天牛等枝干害虫。

9月：花芽分化中花器官基本形成，此期的工作安排是：

下旬开始播种二月兰、油菜（二月兰、油菜的花期在武汉与樱花同时，在樱花园中作樱花节期间的配景地被植物），其中二月兰播种最好在国庆节前完成。

干旱时浇水抗旱，防止落叶。

下旬开始施基肥。

防治天牛等枝干害虫。

芽接育苗和芽接换头，带木质部芽接一般在8月底到9月底进行。

10月：花芽分化中花器官继续形成，下旬部分樱花树开始落叶，此期工作安排是：

继续施基肥。

继续播种油菜。

进行最后一次叶面追肥，喷尿素和磷酸二氢钾，延长叶片寿命，提高树体的越冬抵抗能力。此时的浓度可比平时喷施的浓度略高一些。

11月：樱花树继续落叶，开始进入自然休眠期，此期工作是：

樱花赏秋叶。

樱花树的移栽、定植工作。

消除害虫的越冬卵块和蛹茧，用刷子刷掉树干上的越冬虫体。

樱花可以进行室外切接育苗（图4-8）。

二月兰漏播的地块进行补栽（图4-9）。

图4-8　11月：樱花室外切接育苗　　　图4-9　11月：二月兰漏播的地块进行补栽

12月：樱花树休眠期，此期樱花园管理工作是：

樱花树换土复壮工作。

清园消毒，喷3～5波美度石硫合剂或160倍的波尔多液，杀灭越冬病虫，此工作至1月中旬完成。

二月兰漏播的地块继续移栽。

若树干需要涂白的，可涂白。

继续完成樱花树的移栽、定植工作。

继续消除害虫的卵块、蛹茧和越冬虫体。

❀ 第三节　樱花园选址与樱花栽植

樱花栽植是樱花养护的基础，因为只有栽植成活后才谈得上以后的施肥、修剪等管理工作。在樱花栽植之前应该对樱花的栽培习性有充分的了解，在此

基础上选择合理的地点和土壤栽植樱花，这样才能为樱花以后的栽培管理打下坚实的基础，起到事半功倍的效果。

一、樱花园选址

樱花园园址选择，应结合樱花习性及其栽培特性从以下几个方面考虑：

1.土壤适宜　樱花园应建设在土层厚度1米以上、地下水位较低（最好1.5米以上）、pH 5.5～6.5、有机质含量较高的沙壤土、壤质沙土、壤土或砾质壤土（多见于山地）上，忌在黏土、盐碱地上建园。

2.防风　樱花根系分布较浅，遇大风树体易倒伏，所以园地最好选择在背风向阳或周围有防风物挡风的地带。若无以上条件，就要在建园的同时，在庭园的迎风面设置防风林。

3.光照好　樱花是喜光性较强的园林树种，在光照条件良好时，树体健壮，花芽充实，着花率高，所以园地的东、南、西三面不能有高大的建筑物。

4.排灌方便　应选址在具有良好的排灌条件的地块建园。樱花不耐涝、不耐旱，在没有灌水条件的地方以及排水不畅的低凹地、地下水位高的地方都不宜种植樱花（图4-10）。因排水不良而造成樱花死树的情况时有发生。

图4-10　地下水位高之地不宜栽植樱花

5.忌重茬　樱花尽量不要在以前种植过樱花或桃、梅、李等蔷薇科核果类树木的地方栽植，否则将严重影响正常生长，而且易患根癌病。如果确需栽植必须进行土壤改良，如种植绿肥、轮休等，也可在种植前进行较为彻底的换土。樱花忌重茬，这是因为：①前茬樱花或桃、梅、李等树木因固定在同一位置生长多年，根系广泛，在根际微生物中积累了许多有害真菌、细菌和线虫等。这些有害生物对新栽樱花根系生长有一定抑制或致病作用，会造成新栽樱花根系不发达。②前茬树木根系在多年生长中，产生许多有害物质残存在土壤中，如根皮苷等。这些物质经土壤微生物分解能产生有毒物质，使新栽樱花根系的呼吸和代谢受到抑制。③前茬树木在固定位置生长多年，造成根系范围内的营养物质和多种矿质营养元素的缺乏，使新植樱花营养失调。

樱花育苗地也应特别注意前茬植物的种类，如果所选苗圃地的前茬植物对樱花育苗不相宜，应对土壤进行消毒处理，如土壤熏蒸消毒法：在 7～8 月的高温季节，清除圃地杂草后，喷洒杀菌剂和杀虫剂，翻耕后用农用膜严密覆盖土表，农药在高温下蒸发以消毒土壤。

二、樱花栽植

1.樱花栽植具体操作

（1）栽植时间　我国南方地区，春、秋两季均可进行栽植，但以秋栽为宜。因为秋栽的树木，其根部伤口当年可以愈合，并能发生部分新根，有利于第二年加速生长。南方秋栽应于落叶后至严冬到来前进行。

我国北方地区，由于冬季寒冷宜行春栽。若秋栽，如果防寒措施不到位或土壤沉实不好，容易抽干或严重冻害，从而影响成活。北方春栽应于早春土壤解冻后至萌芽前进行。

（2）挖树穴（图4-11）　按定点放线标定的位置中心挖树穴，树穴的大小应根据树木根系或土球的大小而定，一般深60～100厘米，口径80～100厘米，方坑与圆坑均可，切忌将树穴挖成锅底形（即上大下小）。若在土壤较板结的地段栽植，树穴尺寸应按常规大小增加20％。如土质不好，挖树穴时应将表土和底土分层堆放。树穴挖到规定深度后，还需再向下翻松约20厘米深，以便为根系生长创造条件。为了有利于土壤风化，可提前挖好树穴，如春季栽植的可在上一年入冬前挖好树穴。

图4-11　挖栽植穴

（3）起苗　樱花移栽成活率很高。近距离移栽可裸根起苗，裸根起苗要保持根系完整，尽量避免伤根；远距离移栽应带土球挖掘（图4-12、图4-13），并用草绳包扎土球以防其松散。

（4）栽植　栽植时应将苗木立在树穴正中央。裸根栽植时应使根系舒

图4-12 起苗准备运走

图4-13 樱花大苗土球包扎状

展，带土球栽植时应剪断草绳。栽植深度应与原来的土印持平。填土前用添加杀菌剂的墨汁将起苗时造成断根的伤口涂抹一遍，然后在根部通洒一遍50％多菌灵可湿性粉剂300～500倍液，以免根部感染病害。填土时应一边填土一边用脚踏实或用栽打锤打实，回填土时注意应将表层土（或营养土）填入靠近根系或土球的地方。栽植裸根苗木

图4-14 栽好后筑一围堰进行浇水

时，在回填土至一半时，应将树苗向上稍微提一下，以舒展根系。树苗栽好后，应在树穴周围用土筑成高15～20厘米的围堰（图4-14），用于浇水时挡水用，围堰内径要大于树穴直径。定植后应立即浇一次定根水，使根系与土壤密接。一般需要浇足三次水，待充分渗透后用细土封堰。对新植樱花要用草绳缠干，高度约为1.3米（图4-15）。为防止定植的樱花树歪斜或被风吹倒，定植后应立支柱加以固定（图4-16）。

图4-15　对新植樱花要用草绳缠干

图4-16　栽好后立支柱加以固定

如果园地易积水或地下水位较高，应抬高栽植，即将定植穴用栽植土填满后再栽植（图4-17）。

图4-17　积水或地下水位较高之地抬高栽植

2.樱花栽植注意事项

（1）樱花是喜光树种，成片栽植时应采取适宜布置和栽植密度，以使每株樱花树都能接受到阳光。另外，樱花喜排水良好之地栽植，5% ~ 15%的坡地栽植樱花最佳。

（2）在土壤黏重之地栽植樱花时，应在黏重土壤中掺入适量的腐叶土、木炭粉等改良土壤，土壤改良时注意必须将原有黏土块全部打碎，否则起不到改土作用。

（3）如果是移栽干径较粗的大樱花，为了提高成活率应在移栽前进行断根处理，方法是：在距离树体基部80厘米左右的地方，挖一条宽20厘米、深50厘米的环状沟，将树根切断，然后回填，促使断根处萌生新根。

（4）定植后苗木易受旱害，每次浇水后应及时中耕松土，夏季最好用草将地表薄薄覆盖，以减少水分蒸发。

（5）樱花根系分布浅，在樱花树周围特别是根系分布范围内，切忌人畜、车辆等踏实土壤，践踏会使土壤表层过度密实，影响根系的生长发育，造成树势衰弱，寿命缩短，甚至烂根死亡。所以旅游景区栽植的樱花，其树盘应经常进行中耕松土。

三、樱花树立支柱

立支柱是樱花栽植管理中不可缺少的工作，与其他树木相比，樱花独特的浅根特性使其立支柱工作尤为重要。

1.立支柱的时期　立支柱贯穿于樱花的整个生命周期，特别是在地下水位较高之地栽植的樱花树显得尤为重要。

（1）幼苗期立支柱（图4-18）　樱花幼苗期需要一根直立的竹竿牵引，否则树形基础未打好，以后纠正不易。

（2）幼树期立支柱（图4-19）　樱花幼树期为树形成型期，需要较长的竹竿牵引定型。

图4-18　幼苗期立支柱　　　　　图4-19　幼树期立支柱

（3）成年期立支柱（图4-20） 樱花成年树的树形虽然已成型，但是樱花根系分布较浅，主要集中分布在60厘米以内的土层中（图4-21），根系的固地作用非常有限，特别是积水和地下水位较高之地栽植的樱花更要立支柱。所以成年樱花在必要时也要立支柱。

（4）衰弱期立支柱（图4-22） 树势衰弱的樱花，根部大都有病，根系稀少（图4-23），其固地性更差，也需要立支柱。

图4-20 成年期立支柱

图4-21 樱花根系分布较浅

图4-22 衰弱期立支柱　　　　图4-23 衰弱树根系稀少

图4-24　衰老期立支柱

（5）衰老期立支柱（图4-24）　樱花进入衰老期后，树体生命力下降，根系活力也逐渐降低，必须立支柱。

2.立支柱的方法　樱花立支柱的方法较多，应灵活加以应用。

（1）单支柱法（图4-25）　樱花幼苗期、幼树期以及垂直樱的不定高修剪的支柱均应采用单支柱法。单支柱法用得最多的材料是竹竿，长短根据需要进行选用。

（2）双支柱法（图4-26）　俗称"扁担撑"。对长势不是太差的成年樱花可用双支柱法。双支柱法由两根立柱和一根横木组成，绑扎为"巾"字状架。直径7～10厘米的木棍和竹竿均可使用，横木比立柱可略细一些。

立柱长约1.3米，埋下0.3米左右，支柱的方向一般迎风。支柱要牢固，绑扎后树干必须保持正直。树木绑扎处应垫软物(如废旧的泡沫)，严禁支柱与树干直接接触，以免磨坏树皮（图4-27）。

图4-25　单支柱法

图4-26　双支柱法

图4-27 树木绑扎处应垫软物

（3）三支柱法（图4-28） 对长势不好的成年樱花以及衰弱、衰老樱花应使用三支柱法。三支柱法由3根立柱和5根横木组成，3根立柱为等边三角形分布，3根立柱需3根横木固定，另外2根横木固定树干。其他操作与双支柱法相同。

（4）四支柱法（图4-29） 对干径较粗或树冠大而根系少的移栽樱花树可用四支柱法。它是由4根立柱和6根横木组成，4根立柱一般为正方形分布，4根立柱需4根横木固定，另外2根横木固定树干。其他操作与双支柱法相同。

图4-28 三支柱法

图4-29 四支柱法

（5）简易支撑法（图4-30） 在暴风雨来临前，如果没有太多时间为每一株樱花立支柱保护，那么可以采取简易支撑法来救急，暴风雨过后可以将支撑去掉。简易支撑法最好选用一头有杈的木棍。

（6）遮阴立柱法（图4-31） 秋冬新栽和进行换土复壮的樱花树，如果长势不好，夏季应进行遮阴管理。应根据树冠选用高度适宜的竹竿。遮阴立柱由4根长立柱和2层横木组成，每层横木为4根。遮阴立柱必须牢固结实，以免倒伏时损伤樱花树冠。

图4-30 简易支撑法

图4-31 遮阴立柱法

❀ 第四节 樱花树的更新复壮

一、"小老树"樱花的成因

在武汉东湖樱花园中出现过这样一个对比现象：在园内同时栽植的一批3年生的'染井吉野'樱花树，几年后观察发现，那一批的樱花树大多数干径达到了20厘米以上，但也有几株樱花树的干径还不到10厘米。这种长不动、过早衰老的樱花树，我们称之为"小老树"。"小老树"现象是樱花树体营养失调、过早衰老的一种表现。

同时栽植的相同品种、相同树龄的樱花，生长量竟相差如此之大，究其原因主要有以下方面。

（1）栽植地排水不良或地下水位过高　樱花根长期处在积水环境中，易腐烂而过早失去生长机能。根腐烂后，树体维持生命已属不易，更不可能生长。

（2）土壤营养不足　樱花生长、开花需要消耗大量养分，而其立地土壤的养分会因多种原因丧失造成养分不足，从而导致樱花树体营养不良而衰弱。

（3）土壤不透气　游人践踏和不合理的铺装等人为原因造成土壤板结，通气不良，透气性差，抑制根系的生长，树势也随之衰弱。

（4）土壤质地差　在樱花树下堆放水泥、石灰、炉渣、生活垃圾等都会恶化土壤的理化性质。乱倒污水或将污水地下通道设在樱花根系周围，均会导致土壤污染。此外，严重的空气污染也会影响樱花的生长。

（5）土壤土层浅　樱花在土壤肥沃、土层深厚的土壤中才能生长良好。据调查，相同砧木、相同树龄的樱花，生长在深厚土层的樱花根系比生长在浅土层的樱花根系多3～5倍。

（6）病虫为害　病虫害造成的早期落叶会使树体光合能力降低，营养积累减少；根系被病虫破坏也会造成吸收不良；树干害虫为害使树体的水分、养分输送受阻。

（7）修剪不当或修剪过重　樱花不宜强剪，如修剪过重或伤口过多、过大，易造成树体流胶而使树势衰弱。

（8）机械创伤或人为损伤　路旁、风景区及专类园的樱花树会经常遭受汽车及其他机械创伤，有些游人在树干上刻名留记、折断花枝等行为都会影响樱花的健康生长。

此外，苗木质量差、栽植过深或过浅等，也是造成树势衰弱的原因。

发现樱花树势有衰弱趋向时，应查明原因，找出造成衰弱的主导因子，采用有效措施对症下药，有步骤地进行综合复壮工作。

二、樱花伤口处理及保护

樱花在生长过程中，由于树皮和根部老化腐烂，或受到人为、机械等损伤易造成伤口；樱花在更新复壮时刨除根部和干部腐烂部分也会造成伤口；樱花在整形修剪时，对一些大枝的去除也会造成伤口。樱花树体上的伤口愈合速度较慢，这些伤口如不正确处理，就会削弱树势，且易发生流胶现象，严重时出现腐烂，对樱花树的生长开花极为不利。所以，伤口处理及保护是樱花更新复壮的首要工作。

图4-32　樱花树干伤口愈合状

伤口处理，首先用利刀仔细刮净老朽物或伤口，使之露出新组织，然后用5～10波美度的石硫合剂或1%～2%的硫酸铜液进行消毒，最后涂抹伤口保护剂促其愈合（图4-32）。

常见的伤口保护剂有桐油、液体接蜡、松香清油合剂等，也可用掺加杀菌剂的墨汁进行简单消毒保护（图4-33），墨汁中可掺加的杀菌剂有甲基硫菌灵、多菌灵等。现在市面上有很多成品的果树伤口涂敷剂，其中大多数添加了促进伤口愈合的成分，这些涂敷剂也可以在樱花伤口上使用。如果涂敷剂涂抹后颜色比较鲜艳，而与景区的环境不相协调，可以在涂敷剂中掺入适量墨汁后再涂敷。如果樱花伤口已成空洞，则应及时修补。

若因为人为攀爬或机械撞击而造成樱花树干劈裂，应及时进行绑扎（图4-34）。

图4-33　用掺加杀菌剂的墨汁对修剪产生
的较大伤口进行简单消毒保护

树干劈裂　　　　　　　　　　　　　劈裂后绑扎状

图4-34　若因人为攀爬或机械撞击而造成樱花树干劈裂，应及时进行绑扎

三、判断樱花树长势

对樱花树进行更新复壮前，首先应判断该树长势情况，可以通过看花、叶、枝来判断。

1.看花判断

（1）从花芽数量判断　樱花1个花芽一般1～5朵花，据笔者观察，同一品种1个花芽中花朵的数量与樱花树的长势成正比。樱花树的长势有衰退迹象时，1个花芽一般仅开1～3朵花；樱花树的长势良好时，在同一品种的成熟树上一般1个花芽能开4～5朵花，甚至能开6、7朵花。如果1个花芽上平均增加1朵花，那么1棵樱花树上花的数量可增加20%～30%。而且花芽中花朵数量增多还可适当延长樱花的花期，因为樱花花芽的4～5朵花中，一般先开2～3朵花，另外1～2朵开得略迟一些。

（2）从花色判断　如'染井吉野'含苞待放和初开时为粉色，但当树体营养不良时，花朵的颜色就偏白色。又如'八重红枝垂'含苞待放和初开时为红色，树势不好时则为粉色。

（3）从樱花凋谢状态判断　樱花正常凋谢时，树枝上不会残留花瓣，如果樱花树嫩叶萌出后树枝上还留有残花，那么可初步判断此株樱花树的长势不太正常。再者，树体衰弱的樱花树正常花谢要比营养状况正常的樱花树提早0.5 ~ 1天。

2.看叶判断　樱花的春芽有几种颜色，这里以春芽绿色的品种为例进行介绍。樱花幼叶萌发时为嫩绿色，随着树叶生长，逐渐变成深绿色。如果树叶的淡绿色一直持续到盛夏，那么可以判断此樱花树树体营养不足或根部出现了疾病。

从樱花树叶的大小和厚度也可判断樱花树的长势。5 ~ 6月如发现樱花树的树叶明显偏小，那么可判断该樱花树体营养不足。健康的树叶，用手触碰感觉厚实，若感觉树叶薄糙，则表示该樱花树的长势衰退。与叶片较小情况相比，叶片薄糙说明衰退更甚。如果樱花树下部树枝的叶片较大，而树梢的叶片较小，这是根部发生异常情况的征兆。

从树叶数量上看，樱花树叶片越多，生命力越旺盛，其叶腋形成的花芽和叶芽也就越多。5 ~ 6月站在一株成年的樱花树向上仰望，若透过树叶可以看见天空，说明这株樱花树的树叶和树枝的数量还没达到枝繁叶茂的要求。

正常生长的樱花树叶到了秋天会变成美丽的红叶或黄叶，这种情况预示着第二年春天的樱花将开得好，所以栽培樱花应尽量使树叶保持到秋天的彩叶时期。

3.看枝判断　除垂枝樱花外，直枝樱花的树枝一般为斜上的长势。如果直枝樱花的树枝出现略微下垂的趋势，那么可判断此株樱花树的长势不正常。

直枝樱花的枝条出现下垂趋势的原因有两点：樱花树树势衰弱时，柔弱的树枝支持不了不断长出的枝叶的重量，而略微下垂；施用过多的氮肥，会使直枝樱花的树枝出现树枝下垂趋势。

笔者观察到，树势衰弱时树枝有下垂趋势的直枝樱花品种有'日本早樱'、'青茎樱'、'染井吉野'、'关山'、'十月樱'、'普贤象'等（图4-35）。针对直枝樱花树枝下垂这个问题，笔者做过以下试验：2006年3月发现一株'青茎樱'枝条纤弱，垂化程度较高，其形态几乎与垂枝樱无异。想知道此种性状能否遗传下来，所以就将此'青茎樱'的下垂树枝进行高接，但是下垂枝接活后萌发的枝条由于生长势良好，全部恢复为直枝性状。

还可以依据一年生新梢的生长长度来判断樱花的树势。一般樱花幼龄树抽枝平均长度低于40厘米的为弱树、50厘米左右的为中庸树、60厘米以上的为强旺树。樱花成年期中初花树抽枝平均长度在20厘米左右的为弱树、30厘米左右的为中庸树、超过40厘米的为强旺树。樱花成年期中盛花树应以各种类型开花枝的比例来衡量树势，一般情况下中长花枝多的树势强，少的树势弱。当然，衡量盛花树的树势，还要考虑樱花各品种的成枝特性，有的品种易形成短花枝和束状花枝，而不易形成长花枝，如'御车返'等。

'染井吉野'

'关山'

'十月樱'

'普贤象'

图4-35 树势衰弱时树枝有下垂趋势

另外，我们还可以根据发育枝的长枝、中枝、短枝比例来判断樱花树势的强弱：

弱树：长枝占5%以下，中枝占25%以下，短枝占70%以上。

中庸树：长枝占5%，中枝占25%，短枝占70%。

强树：长枝占70%以上，中枝占25%以上，短枝占5%以下。

四、樱花树更新复壮的方法

由于栽培管理不善、立地条件不良或树龄老化等原因，樱花易出现衰弱或衰老现象。樱花衰弱树或衰老树最明显的表现是地上部生长量极少，即萌芽抽枝不旺，与其对应的是其根部一定有不同程度的坏死腐烂，根量稀少。为了恢复樱花树势，必须对这些樱花进行更新复壮工作。多年来，武汉东湖樱花园对生长不良的樱花树进行更新复壮，取得了良好的效果。

樱花树更新复壮的方法主要有根部换土复壮、利用不定根复壮和桥接复壮等，各方法的具体操作如下。

1 根部换土复壮　此法就是将衰弱树或衰老树连根掘起，或不掘起而只刨除出树根，对腐烂的根部进行处理，换土后再进行栽植或更换位置栽植。

操作时间：在樱花自然休眠期进行，即遵循"动土动根，莫让树知"原则。为了使樱花的根部尽早恢复生机，换土复壮工作以早操作为好。武汉一般在每年12月进行。

具体操作步骤：

耙出根部：在衰弱或衰老樱花树的树冠滴水线稍外围，先用铁锹或锄头挖一圈（图4-36），用细齿耙将树根小心耙开，边耙边观察树根生长情况，特别要注意保护生长健壮的根系（图4-37）。根系生长较好的樱花树，只需剪除根部的坏死根，而不需将树根全部掘起（图4-38）；根系生长不好的樱花树，由于根部坏死过多，应将树根全部掘起进行根部处理（图4-39）。樱花树根挖起后，若发现根部坏死或腐烂严重而无回生的可能，就应该放弃，没有更新复壮的必要了（图4-40）。

图4-36　在衰弱或衰老樱花树的树冠滴水部稍外围，先用铁锹或锄头挖一圈

图4-37　用细齿耙将生长不良的樱花树树根小心耙开，注意保护生长健壮的根系

图4-38　根系生长较好的樱花树，只需剪除坏死根，而不用将树根全部掘起

图4-39　生长不好的，由于根部坏死过多，应将树根全部掘起进行根部处理

图4-40　根部腐烂严重，没有更新复壮的必要

根部处理：耙开根部后，剔除（或剪除）坏死根和根部瘤状物（图4-41至图4-43），为避免剪口感染，应进行伤口处理，如在剪口处涂上墨汁（图4-44）等。然后在根部洒上杀菌剂及生根粉（图4-45）。杀菌剂可用甲基硫菌灵、多菌灵等，生根粉可按产品说明上的比例对水施用。剪除的坏死根或腐烂根应集中烧毁（图4-46）。

图4-41　耙开根部后，剔除坏死根

图4-42　一株8年树龄的'染井吉野'根部切下来的根瘤

图4-43　剪除坏死根

图4-44　为避免剪口感染，应在剪口处涂上墨汁

131

图4-45 根部外科手术完成后，根部洒上
杀菌剂、生根粉

图4-46 剪除的坏死根或腐烂根
应集中烧毁

根部回土：根部处理后，应立即将樱花树重新栽好。栽植时应将旧土运走，换上配制好的无菌新土（图4-47）。新土一般常用腐叶土、园土、粗沙按2∶4∶1的比例配制而成。在配制时可适量加进一些磷钾肥，使用时再拌上适量杀菌剂。另外，可以在新土中适量施加木炭粉，因为木炭有无数小孔，能改善土壤的透气性和排水能力，提高土壤微生物的活力。配制成的营养土应进行pH测试，以pH 5.5 ~ 6.5为佳（图4-48）。樱花树怕积水，如果原栽植地水位高，应另择新地栽植。

图4-47 将旧土运走，换上配
制好的无菌新土

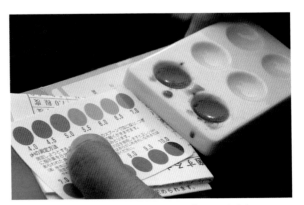

图4-48 配制成的营养土进行pH测试

立支架：在对根部处理时，为了操作方便，可将樱花树根架起进行处理（见图4-39）；根部回土后，为避免树体倒伏，需要设立支架。

换土复壮后的管理：樱花树进行换土复壮后应加强管理，特别是将根部全部掘起处理的樱花树更应注意养护，避免干旱造成死树。春季花谢后，应进行适当修剪。一般来说，换土复壮的樱花树在第二年春季发芽长成的叶片小而少，甚至到4月还发不出芽，但是经过精心管理，第三年春季可恢复生机，以后一年比一年长得好（图4-49）。换土后恢复不太好的树，初夏开始就应搭荫棚进行精心养护（图4-50）。

图4-49　根部换土后第二年春生长不好，第三年春即恢复生机

图4-50　换土的樱花树夏季搭荫棚

133

2.利用不定根复壮　樱花树成年后，会从地上部分的树干上长出许多不定根，不定根的多少随樱花品种、树龄及树体的长势而异，如'染井吉野'树龄达到40年后，其树皮内侧和根颈部易长出不定根（图4-51）。这些不定根对樱花树的更新生长起着重要的作用，例如'染井吉野'樱花的树皮较厚，随着樱花树的老化，树皮渐渐腐朽，剥落后树干上易出现腐烂空洞，树体就出现衰弱之势。此时树干上的不定根可以吸收腐朽木质部的养分向下生长，这时可以利用不定根进行樱花树的更新复壮工作。具体操作方法如下：

图4-51　'染井吉野'衰老树干和根颈部长出的不定根

　　首先刮除樱花树体腐烂部分，处理时要注意小心保护樱花的不定根。将洞内腐烂木质刨出，刮净死组织后，进行伤口消毒及保护，再小心理顺不定根。然后用疏松的营养土填满空洞，填满后进行包扎，包扎材料可用废旧的遮阳网，这样就给不定根创造了一个良好的生长环境。如果在樱花树干腐烂的周围没有不定根可以利用，就应培养不定根，方法也是刨净腐烂组织，包扎上疏松的营养土（图4-52）。包扎疏松的营养土后要注意观察，发现营养土干燥立即洒水湿润，随时保持营养土的潮湿。树干包扎营养土时应顺应不定根的生长走势，不断牵引不定根向下生长，直到扎进土壤中。如果是根颈部的不定根就不需包扎营养土，只要在根颈部培几锹土即可。

　　如果不定根培养得好，其长到一定程度就可以发芽，此时的不定根已具有树干的功能。不定根转变为树干后继续长粗长壮，给原来衰弱的主干注入了新的生命力，甚至有的不定根会取代原来的衰弱树干而成为健康的主干发芽开花（图4-53）。

　　现在有很多地方在治理衰弱或衰老樱花树干上的空洞时将不定根摘除，然后用水泥等材料将空洞填补起来，这种方法显然欠妥。樱花树既然有这么独特的不定根优势，我们完全可以加以利用。

图4-52 '染井吉野'衰老树干空洞修补前后

3.桥接复壮 桥接是树木嫁接方法的一种。如树木的干部受伤，伤及韧皮部或木质部，使输导组织或再生组织失去应有的功能，可以利用桥接进行挽救。桥接法恢复树势在果树中应用较多，我们也可以借鉴过来在樱花中加以应用。当樱花树干受到损伤或腐烂部切除后出现伤口过大不易愈合时，可利用桥接法恢复树势，进行更新复壮（图4-54）。

樱花用桥接法恢复树势，有以下三种方法（图4-55）：

萌蘖条桥接：桥接时首先注意伤口下面有没有发出的萌蘖条，如有萌蘖条（图4-56），可量好伤口长度，将萌蘖条在和伤口长短相同处削成马耳形斜面，插入伤口皮层。

图4-53 '染井吉野'樱花利用根颈部不定根进行树体更新的成功案例

135

图4-54　樱花树干受到机械损伤或腐烂，可利用桥接法恢复树势

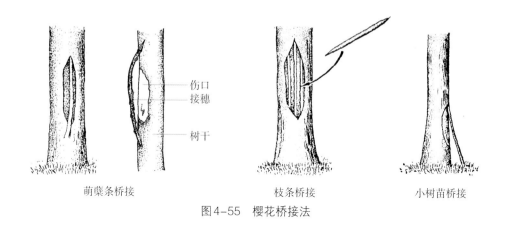

萌蘖条桥接　　　　　　　　枝条桥接　　　　　　小树苗桥接

图4-55　樱花桥接法

　　枝条桥接：如无萌蘖条，则采用一年生枝条进行桥接。根据伤口长短将枝条上下两端削成马耳形斜面，按原来上下方向插入伤口皮层内，注意形成层密接。插好后用较宽的塑料带绑紧。如距地面近，可培土保湿，成活后再扒开。接条数量根据伤口大小而定，一般可接2～3个枝条。

　　小树苗桥接：即在伤口附近栽上和大树同种的小树苗，把树苗的上端削成马耳形斜面，再插入伤口皮层内。

　　樱花进行桥接时应注意以下几点：桥接时间应在树液活动和树体生长较旺盛的时期，在开花初期桥接成活率高，秋季桥接也可成活；如用枝条桥接法，接穗应选用一年生尚未萌动的粗壮枝条；不管采用何种方法桥接，桥接后要妥善保护接穗，防止摇动和干燥，及时将接穗上发出的新梢去掉，以免消耗营养；桥接前必须将桥接部位的病疤刮净并消毒，待其愈伤组织形成后再行桥接，树干或主枝的切口，应距离病疤上、下边缘10厘米以上，这样可以避免切口与病疤相连而受感染；桥接后要加强肥水管理，促使树势早日恢复。

图4-56 樱花根颈部的萌蘖条

🌸 第五节　樱花盆栽管理

　　在我国，樱花盆景并不多见，近年来武汉东湖磨山盆景园在樱花盆景的制作上进行了探索，取得了一定成绩。制作的樱花盆景每年在武汉东湖樱花园樱花节期间展出（图4-57），受到同行和游客的广泛好评。现将樱花盆栽管理的经验总结如下。

　　1.品种选择　由于受樱花习性和栽培特性的限制，樱花在园林中栽植较多，而在盆栽中应用得较少。其实，有些樱花品种是比较适合盆栽观赏的，如'矮枝垂'、'八重红枝垂'、'雨情垂枝'、'御车返'、'高砂'、'松月'、'杨贵妃'、'关山'等（图4-58）。樱花盆栽在日本运用的较多，据报道，日本将'寒绯樱'、'旭日'、'豆樱'、'郁金'、'御衣黄'、'麒麟'、'富士樱'等樱花品种进行盆栽，效果不错。

图4-57　樱花盆景

'杨贵妃'   '高砂'   '矮枝垂'   '八重红枝垂'

'关山'   '御车返'   '松月'   '雨情垂枝'

图4-58 适合制作盆景的樱花品种

2.制作方式 笔者等制作大型樱花盆景进行观赏，主要采用下面两种快捷的制作方式。

（1）在圃地中挑选树形小巧紧凑、姿态优美的樱花树直接上盆 例如'矮枝垂'枝条自然下垂，树形优美奇特，上盆后稍加修整即可观赏；'御车返'、'松月'等品种树形小巧紧凑，且花态优美，花色亮丽，也可上盆欣赏。

（2）将樱花树改造成樱花盆景 用来改造的樱花树，其来源有三：①庭园中生长衰弱的樱花树（图4-59、图4-60），其干部多呈苍劲古拙状，是制作樱花盆景的上品（图4-61）。②树形较差、不适合在庭园中布置的樱花树。③上部树干已枯死，但下部树干还存活的樱花树（图4-62）。

图4-59 庭园中生长衰弱的樱花树，修剪后准备进行盆栽

139

图4-60　庭园中生长衰弱的樱花树逐步改造成樱花盆景

图4-61 改造成的樱花盆景　　　　　图4-62 上部树干枯死的樱花树改造成樱花盆景

图4-63 '关山'品种上嫁接'松月'

通常采用高接换头的嫁接方法进行品种改造（图4-63）。樱花的高接换头一般在早春樱花萌芽前进行，武汉一般在3月中下旬（武汉），具体时间以当年的物候为准。樱花采用切接法进行高接换头成活率较高，切接换头的具体操作步骤如图4-64所示。

另外，可以将花期相近的樱花品种嫁接于一盆樱花上，产生一盆多花的十样锦樱花盆景。因为这些品种的花期相差几天，所以十样锦樱花盆景比单一品种的樱花盆景观赏期要长一些。如十样锦的早樱盆景，嫁接品种有'河津樱'、'初美人'、'飞寒樱'、'大渔樱'、'阳光'等；十样锦的中樱盆景，嫁接品种有'太白'、'白雪'、'雏菊樱'、'红鹤樱'、'红丰'等；十样锦的晚樱盆景，嫁接品种有'关山'、'杨贵妃'、'东锦'、'郁金'、'松月'等。

141

削接穗和砧木　　　将接穗插入砧木中　　　　绑扎　　　　　　罩袋

图4-64　切接换头的具体操作步骤

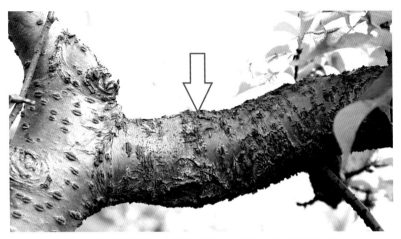

图4-65　高接换头成活几年后，其接口还可辨识出来

　　为了得到造型优美的樱花盆景，也可以对樱花枝干进行蟠扎处理（图4-66、图4-67）。另外，樱花还可以制作成微型盆景欣赏（图4-68）。

　　3.樱花盆景的养护与管理　樱花盆景与梅花盆景养护和管理方法相似，没有给予特别的照顾，每年均能正常开花，供人观赏（图4-69）。

　　在日本樱花盆栽应用较多，但在我国目前樱花盆景还未普及，这方面的工作还有待继续摸索和发展。

图4-66　在盆景基地，对樱花枝干进行蟠扎处理

图4-67　经过蟠扎处理过的樱花盆景　　　　图4-68　樱花还可制作成微型盆景

图4-69　樱花盆景长叶状和开花状

第五章

樱 花 繁 殖

櫻花繁殖分有性繁殖和无性繁殖两种。有性繁殖是用播种的形式来繁殖后代，适于大量繁殖。播种繁殖的实生苗具有发育健壮、根系粗壮、寿命长、适应性强、成本低的优点，但播种繁殖易产生变异，所以多是用在培养砧木或培育新品种上。无性繁殖也叫营养繁殖，是用樱花的营养器官（茎、芽、根等）的一部分，利用人工培育的方法产生新植株。营养繁殖的最大特点是能保持亲本的优良性状，且比有性繁殖提前开花期。樱花无性繁殖常用的方法有嫁接、扦插等。

第一节　播种繁殖

櫻桃易结实，部分花樱也可结实（如'染井吉野'、'飞寒樱'等），可以利用这些种子进行播种繁殖。

为提高出苗率，种子播种前应进行沙藏处理。种子采集必须在果实充分成熟后进行（一般初夏时成熟），采后洗去果肉，漂除杂质与秕种，然后将选留的种子阴干。将种子与湿润沙子混拌均匀进行沙藏。沙藏时沙子湿度以手握成团、松手即散为宜，沙过湿，种子易霉烂，沙过干，种子易失去发芽力。沙藏种子一般用干净的河沙，河沙的用量为种子用量的5倍（体积比），即河沙：种子 = 5：1。若种子较多，可进行坑藏，方法是选择地势高燥、背风阴凉、不易积水的地方，挖坑埋藏，沙藏坑上用细湿沙覆盖，厚度应稍高出周围地面。为防止坑内积水烂种，沙藏坑应搭设防雨盖。

櫻花或櫻桃种子经过沙藏休眠后，可于第二年早春播种。在2月底至3月初，经常检查沙藏的种子，发现有5%左右的种子开始萌芽，就可播种。应选择背风向阳之地播种，播种土壤以壤土或沙壤土为宜，苗圃地要有排水和灌溉条件。播种时，在播种畦上开6～8厘米深的小沟，行距30～40厘米，以约3厘米1粒种子的密度播种。然后覆盖细土、浇水，可覆盖塑料薄膜保温保湿。种子发芽出土时除去塑料薄膜，以后进行正常的幼苗管理。

第二节　扦插繁殖

櫻花属难生根树种，插条扦插后，基部虽然愈合容易，但生根较难，所以扦插繁殖在樱花繁殖上应用的并不多。但对于一些砧木品种，如青茎樱、草樱、中国樱桃等，其扦插生根率还是比较高的，所以在樱花砧木繁殖时也常用到扦插的方法。

樱花扦插繁殖按插条种类可分为硬枝扦插、根插和嫩枝扦插。

一、枝插

硬枝扦插也称枝插（图5-1、图5-2）。选取母株上生长健壮的一年生发育枝作插穗，采集插穗应在芽体萌动前的阴天或早晚进行。采后将枝条剪成7～8厘米的插条，插条的直径以0.5～1.0厘米为宜。在插条剪取过程中，一定要保护好顶芽或上端的第一芽。如果在早春发芽前采条，可随采随插。如果采条在冬季进行，应暂不剪成插条，而是将插穗捆扎后沙藏，一般30～50枝一捆，至3月见切口处生成愈伤组织后挖出，将插穗剪成7～8厘米的插条进行扦插。沙藏处理可提高硬枝扦插的生根率。

圃地扦插应采用高垄扦插，插前将插条基部用ABT生根粉浸泡处理。扦插时，用比插条粗度略粗的竹签先插一斜孔，斜度为60°，倾斜方向要一致，斜插深度以露1～2芽为宜。插后浇透水，注意在发芽期间尽量减少浇水次数，进行适量浇水，以防降低地温影响生根。

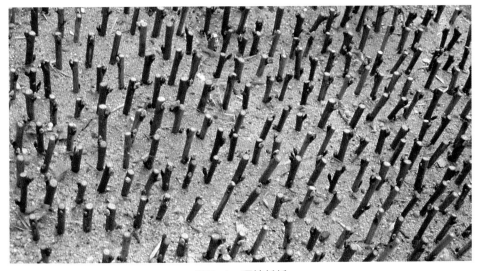

图5-1　硬枝扦插

图5-2 硬枝扦插发芽状

二、根插

根插是以根段作为扦插材料的扦插方法，有些樱花品种或砧木的根系具有较强萌生不定芽和不定根的能力，可以利用这一特性进行根插育苗。根插育苗一年四季均可进行，但以早春为好。

进行樱花根插的根穗来源主要有两个：一是在早春进行樱花移栽时，搜集起苗时的断根及移栽时修剪下的余根；二是在早春进行樱花切接时，将砧木中具有二层根的下层根剪下来作为根插的扦插材料。

粗度在0.3 ~ 1厘米的樱花或砧木根均可进行根插，将其剪成长度为5 ~ 10厘米的根段作为扦插材料，上口平剪，下口斜剪。用于繁殖的根系不能长时间露地搁置，以防失水而影响扦插成活率。苗床整理及扦插方法同枝插一样，但根插的根段应全部插入基质中，根段上部与苗床地齐平。

三、嫩枝扦插

利用尚未完全木质化的新梢进行扦插，即嫩枝扦插，也称为绿枝扦插。

1.扦插时间　5月底至7月底，插条随采随插。

2.筑床　用砖砌成高30厘米、宽1米、长4米的插床，床内基质可采用河沙或沙质壤土，有条件的可选用膨化珍珠岩、蛭石作基质，厚度为20厘米，插前应用甲基硫菌灵或代森锰锌进行消毒处理。

3. **嫩枝插条** 在粗壮、无病虫害的一年生枝条上选取当年生半木质化的嫩枝,剪成长10厘米左右的插条,每插条带芽3～4个,将插条下部叶片摘除,保留上部1～2个叶片,并将叶片的1/3～1/2先端部分剪去。每20枝一捆,放在阴凉处保湿,切忌烈日高温天采集。

4. **扦插操作** 插条基部剪成斜面,扦插前先用萘乙酸或ABT生根粉处理插穗,以促其生根。扦插时,用比插条粗度略粗的竹签先插一斜孔,与地面夹角为70°,深度为插条长度的1/3,再把嫩枝斜插于孔内,叶片不可触地,插后用手指按实。插好后立即喷一次水,使插条与土壤密接。

5. **插后管理** 采用全光喷雾装置,注意观察空气湿度,定时定量喷雾。如果没有全光喷雾装置,可用竹篾拱成弓形,覆盖塑料薄膜,四周用土封严,并用遮阳网遮阴。扦插棚内应保持20 000勒克斯左右的光照强度,空气湿度保持在80%以上,早晚温度低、湿度大时可不喷雾。生根前每周喷一次杀菌剂和0.1%～0.2%的尿素或磷酸二氢钾。生根后将空气湿度逐渐降低,增加通风量和光照。

据报道,樱花嫩枝扦插生根率除了与管理水平有关外,还依品种不同而异。经试验,全光喷雾樱花嫩枝扦插的生根率最高的是重瓣樱花,可达55%;生根率最低的是垂枝樱花,仅为1%。

嫩枝扦插繁殖的苗木如作砧木,当年不要嫁接,到第二年再嫁接。

🌸 第三节　嫁接繁殖

嫁接是用植物营养器官的一部分移接于其他植物体上的繁殖方法。嫁接是樱花繁殖最常用的方法,依据嫁接用的植物营养器官不同,樱花嫁接可分为芽接、枝接、根接。

一、砧木的选择

砧木是樱花嫁接苗的基础,对樱花的生长势、寿命、生长开花等都有着直接的影响,对嫁接成活率和成活后的生长至关重要,因此培育樱花嫁接苗首先要了解和掌握砧木的特征,正确选择砧木品种。

1. **砧木选择原则**

(1)选择适应当地环境条件的砧木。

(2)选择抗病性强的砧木,如抗根癌病、根腐病等;选择抗逆性强的砧木,如抗旱、耐涝、抗寒的砧木。据说嫁接樱桃的砧木"马哈利",耐寒力很强,在－30℃气温下不受冻害,在土温－30℃虽有冻害但也不致死亡,这在樱花抗寒性栽培驯化上值得一试。

图5-3　砧木与接穗生长发育不一致，砧木生长缓慢而接穗生长迅速，出现上粗下细的"小脚"现象

（3）选择嫁接亲和力强的砧木。

（4）选择嫁接后不产生小脚病的砧木。造成小脚病的主要原因是砧木与接穗生长发育不一致。砧木生长缓慢，而接穗生长迅速，出现上粗下细的"小脚"现象（图5-3）。小脚病幼树期间不明显，进入成年树后由于根部向树体输送养分能力不足，会导致树体营养不足而死亡。对已发生小脚病的树，可采用桥接法进行挽救。

（5）选择根系分布层较深、根系发达的砧木。

（6）根据需要选择乔化砧和矮化砧。同一品种嫁接在不同砧木上，树高和树冠会有所差异，乔化砧可以使嫁接的树体长得高大一些，矮化砧可以使嫁接的树体长得矮小一些。

2.樱花嫁接常用的砧木　樱花和樱桃同类，我国樱桃嫁接的砧木较多，有条件的地方可以通过试验，在这些樱桃砧木中优选出樱花砧木。

适宜作樱花嫁接砧木有樱花本砧、草樱、青茎樱、中国樱桃、山樱桃等，其中樱花本砧最好，但由于不易繁殖而不能形成规模化生产；草樱、青茎樱、中国樱桃、山樱桃等砧木容易繁殖，可形成规模化生产，所以樱花嫁接以草樱、青茎樱等作砧木较多。这些砧木各具特点。

（1）草樱　小乔木或丛状灌木。根的萌蘖力极强，繁殖系数很高，进行分株或扦插繁殖容易成活。据介绍，应用分株法繁殖草樱砧木，当年每667米²地块可出圃成品苗5 000 ~ 6 000株；应用扦插法繁殖，当年每667米²地块可生产砧苗3 500 ~ 4 000株。草樱毛根发达，适应性强，与多数樱花品种嫁接亲和力强，嫁接苗长势健旺，对根癌病有一定的抗性。其缺点是根系分布较浅，遇强风易倒伏。草樱在黏重土壤中生长不良，严重时还会造成整株死亡。

草樱有大叶和小叶两种类型。大叶草樱叶片较厚实，枝条粗壮，节间短，分枝少，扦插成活率较低，宜用带根的分蘖苗繁殖。小叶草樱叶片小而薄，枝条较细，毛根多，粗根少，虽然扦插成活率较高，但嫁接株长势不及大叶草樱。因此，在应用草樱繁殖苗木时，以采用大叶草樱为主。

另外，从大叶草樱中选育出来的砧木品种，即大青叶，其侧生主根生长力很强，根系发达，固地性好，抗风力强，且有很强的嫁接亲和力。一般用压条、扦插繁殖。

（2）青茎樱 又叫青叶樱、青肤樱。可用播种、扦插、压条、分株进行繁殖。由于青茎樱扦插繁殖成活率很高，故多用扦插繁殖。青茎樱砧木与樱花嫁接亲和力强，嫁接苗生长良好。其缺点是根系浅，不耐旱，遇大风易倒伏。而且青茎樱易患根癌病，严重时造成大量死树。

（3）中国樱桃 在我国分布较广，但以山东、江苏、浙江、安徽为多。中国樱桃种源丰富，有较强的适应性，耐干旱抗瘠薄，但不抗涝，耐寒力也较差，生根浅，须根发达。播种繁殖有较高的出苗率，扦插后容易生根，嫁接成活率比较高，嫁接苗能较早进入开花期，其实生苗较抗根癌病。其缺点是实生苗容易生较重的病毒病，且因根系浅，若遇到大风极易倒伏。

（4）山樱桃 主要用种子繁殖，扦插不易成活，亦不发生根蘖。根系发达，极抗寒。植株为高大乔木，枝条粗壮，生长健壮。用山樱桃作砧木嫁接后有时会出现"小脚"现象。

二、芽接

樱花芽接有T形芽接（图5-4）、方块形芽接（图5-5）、嵌芽接（图5-6）等几种，其中以带木质部的嵌芽接较为常用。此芽接方法也是园林植物和果树栽培中常用的一种嫁接方法，因为不管接穗或砧木是否离皮均可使用。

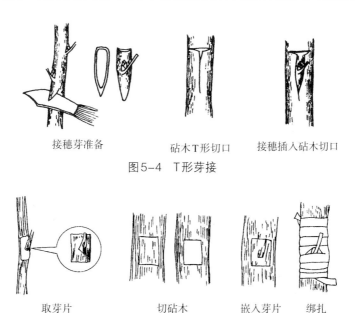

接穗芽准备　　　　砧木T形切口　　　接穗插入砧木切口

图5-4 T形芽接

取芽片　　　　切砧木　　　　嵌入芽片　　　　绑扎

图5-5 方块形芽接

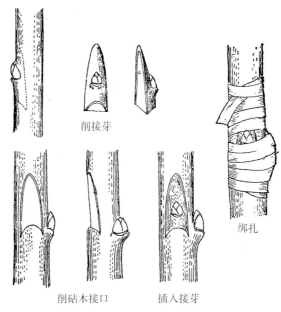

削接芽

绑扎

削砧木接口　　　插入接芽

图5-6　嵌芽接

1.**芽接时间**　樱花芽接在春、夏、秋三季均可进行，以3月下旬和9月中旬成活率最高。

（1）春季芽接　应在树液流动后至接穗萌芽前进行，接穗若随采随用，那么嫁接时间一般有10～15天嫁接期；若接穗采后用湿布包扎后再用塑料布包一层置于3～5℃冰箱冷藏，那么嫁接时间则可延长到4月中旬。采取春季芽接的樱花当年可萌发抽枝。

（2）夏、秋季芽接　在6～9月嫁接时，接穗应随采随用，剪取接穗后应立即摘取叶片，注意摘取叶片时要保留叶柄，然后用标签标明品种后用湿布包裹，将枝条下端浸入5厘米左右的水桶中，边用边取。如需贮存，可将接穗置于冰箱冷藏，这样可存放3～5天。

根据芽接高度不同，樱花芽接可分为低干芽接和高干芽接两种。其接口在离地5～8厘米者，称为低干芽接，樱花芽接大多属于此类。其接口在砧木上1.5～2米的一年生枝上者，称为高干芽接，如垂枝樱繁殖或大樱树换头（即高接换头）。

2.**芽接具体操作**　下面以带木质部的嵌芽接为例介绍樱花芽接的具体操作。

①取芽片。用芽接刀在接穗芽下方0.5～1.0厘米处，斜向上削切到接芽上方1厘米处（带有部分木质部），然后在接芽上方的0.8厘米处横切一刀，深

达木质部，即可取下芽片。削取芽片后可将芽片虚含口中，再进行砧木切口的操作。也可先处理砧木，后削取芽片。

②砧木切口。在砧木苗距地面5～10厘米处选平滑部位横斜一刀，再自上而下斜削一刀成为盾状切口，深2～3毫米，砧木上切口的长度以刚好能容纳芽片为度。

③嵌芽与绑扎。将削取的芽片插入砧木切口中，使芽片与切口下部的形成层紧密吻合。如果砧木粗度比芽片大，那么就对齐一侧的形成层，然后从下往上用塑料布条进行绑扎，绑扎时要达到严、密、紧。注意不要让芽片比砧木粗，否则不容易对齐形成层而成活较难。樱花芽接成活后应加强肥水管理和病虫害防治。

3.芽接注意事项　樱花枝接和芽接法，人们多采用枝接法，因为很多人认为樱花芽接成活率远低于枝接成活率，且操作技能也要高于枝接法。其实不然，只要方法正确、管理到位，樱花芽接的成活率也不低。樱花芽接应注意以下几个问题：

①芽接樱花时如果持续干旱，则会影响芽接成活率，所以应在芽接前2～3天将苗圃地的砧木浇一遍水，以提高嫁接成活率。芽接后就不要灌水，以免引起接口流胶，影响成活。

②秋季芽接所用的接穗，最好剪取还未停止生长的一年生枝条，剪后及时摘除叶片。

③采用T形芽接时，削取的芽片应稍大一点，以增加愈合面积。取芽时要小心，不要使芽片表皮破裂。砧木上T形接口需按芽片长度划开，然后把芽片轻轻放入，不能硬推，以防芽片表皮破裂和受伤。

④采用剥皮芽接时一定要保护好芽片中芽眼，接芽必须具有维管束（俗称芽垫），它是接芽与砧木之间进行水分与营养物质交流的通路，没有它则嫁接难以成活，因此在削取芽片时应注意保护。

⑤用塑料布条绑扎时要严密，必须露出芽眼和叶柄。

⑥与梅、桃等树种不同，接后一周叶柄正常脱落并不意味着嫁接成活，一般接后半个月是检查嫁接是否成活的时期，此期接活的芽具有光泽，并且芽体明显膨大。如果发现芽体发黑，没有生长迹象，需及时补接。

三、枝接

樱花枝接方法分为切接、劈接、腹接、舌接、靠接等，其中切接和劈接运用的较多。

1.切接（图5-7、图5-8）　切接繁殖可分为室内切接和露地切接两种方法。

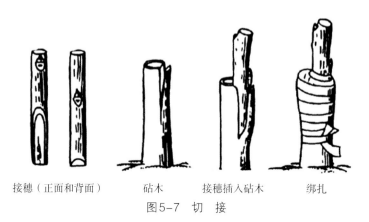

接穗（正面和背面）　　砧木　　接穗插入砧木　　绑扎

图5-7　切　接

图5-8　2006年1月切接繁殖的一批'阳光'樱（开粉红色花的品种），定植于武汉东湖樱
　　　花园中的开花状

（1）室内切接法　此法嫁接在室内进行，故不受外界天气影响。武汉东湖樱花园多采用此法繁殖樱花，切接苗第二年就有相当多的着花量。

接穗的选用：'染井吉野'、'大岛'、'飞寒樱'、'关山'、'御衣黄'、'郁金'等优良樱花品种均可以作为接穗，在这些品种树上选取生长健壮的一年生枝条作为接穗（图5-9）。嫁接品种较多时，应进行分类编号，以免混淆（图5-10）。

图5-9　接　穗

图5-10　嫁接品种较多时，应进行分类编号，以免混淆

切接时间：切接时间在早春樱花萌芽之前，各地应根据各自的物候而确定。武汉一般在1月上旬至2月上旬。

嫁接工具与辅助材料：包装绳、塑料薄膜条、白色小塑料罩袋、切接刀、修枝剪等（图5-11）。

切接具体操作步骤（图5-12）：

图5-11　切接工具

153

将砧木从圃地挖起，假植　　洗掉根部泥土，　接穗和砧木的削法　　接穗长斜面向着　　绑扎
于室内　　　　　　　　　留5～8厘米短截　　　　　　　　　　　砧木插入，并使一
　　　　　　　　　　　　　　　　　　　　　　　　　　　　　　边的形成层对齐

罩袋　　　　　　　　假植　　　　　　　　栽植　　　　　三年生室内切接苗在圃地
　　　　　　　　　　　　　　　　　　　　　　　　　　　　中的开花状

图5-12　室内切接的具体操作步骤

①砧木的准备。将砧木从圃地挖起，假植于室内，随用随取。根颈部1～2厘米粗的砧木比较适合进行切接繁殖，过粗过细都不易操作。进行切接时，将假植的砧木拔起，洗掉根部泥土，留5～8厘米短截。

②接穗和砧木的削法。在接穗下芽1厘米处削一长斜面，长2～3厘米，在长面的对侧削一短面，长1厘米以内。将接穗剪成带有2～4个芽、长5～6厘米的小段。将砧木的短截口剪平，左手握砧木，右手于砧木木质部的边缘（砧木断面的1／4～1／3处）直切一刀（也可用两脚将砧木固定，再于砧木木质部的边缘向下直切一刀）。砧木切口的长、宽和接穗的长斜面相对应。然后将接穗长斜面向着砧木插入，并使一边的形成层对齐，将砧木切口的皮层包在接穗外面进行绑扎。

③绑扎。用宽1厘米左右的塑料布条自下而上加以绑扎，塑料布条应具有一定弹性，绑扎时必须将塑料布条拉紧，不能留有缝隙，以免接口进水。注意塑料布条缠绕的方向应以对齐形成层的那边为中心进行缠绕，不得反向，否则将使接穗和砧木对齐的形成层脱离而影响嫁接成活率。

④罩袋。接好后，将嫁接苗根部以上罩上白色透明小塑料罩袋，并用包装绳将口扎好，这样可起保湿的作用。小塑料罩袋的长宽约为12厘米×8厘米。

⑤假植。然后将嫁接苗假植于塑料大棚或室内的沙池中（数量少，可假

植于盆中），要经常检查，以保持湿润。

⑥栽植。2月下旬或3月上旬（武汉）移栽于圃地中。

（2）露地切接　此法直接在圃地中进行嫁接，并不将砧木从圃地挖起。露地切接与室内切接各有优势，露地切接减少了砧木的挖掘以及嫁接苗的假植和栽植工作，但是存活率逊于室内切接，而且在圃地利用、砧木利用及嫁接苗生长整齐度上，也比不上室内切接。露地切接的具体操作与室内切接基本相同（图5-13）。

削砧木　　　　　　　　　剪砧木　　　　　　　　　削接穗

将接穗插入砧木中　　　　　　绑扎　　　　　　　　　罩袋

图5-13　露地切接的具体操作步骤

2.劈接（图5-14）　劈接是在砧木的截断面中垂直劈开接口而进行嫁接的

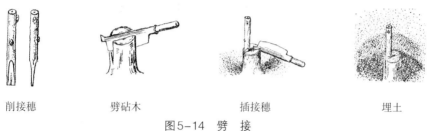

削接穗　　　　　　劈砧木　　　　　　插接穗　　　　　　埋土

图5-14　劈　接

方法。樱花劈接适用于较粗大的砧木（粗度2～3厘米）嫁接，劈接时间可在树木休眠期进行，但结合成活率，樱花劈接最好在早春砧木萌芽前进行。具体操作如下：

①削接穗。把采下的接穗去掉梢头和基部芽子不饱满的部分，截成5～6厘米长，每段要有2～3个芽。然后在接穗下芽3厘米左右处的两侧削成一个楔形斜面。削面长2～3厘米。接穗削好后要防止水分蒸发和沾染泥土。削接穗最重要的是削面要平整光滑，这样削面才容易和砧木劈口靠紧，两面形成层才容易连接愈合，这是成活的关键。

②锯砧木。在离地面2～3厘米或与地面平处，剪断或锯断砧木的树干，清除砧木周围的土与杂草。锯口断面要用利刀削平滑，以利愈合。

③劈口。在砧木上选皮厚纹理顺的地方做劈口。如砧木较粗，劈口可选砧径椭圆短径处，这样可使接穗夹得更紧；如砧木较细，要选砧径椭圆长径处，以加大砧木和接穗削面的接触面。在断面1/3处进行劈口，劈口不要用力过猛，可以把劈接刀放在劈口部位，轻轻地敲打刀背，使劈口深约3厘米。注意不要让泥土落进劈口内。

④插接穗。用劈接刀楔部撬开劈口，把接穗轻轻插入，使接穗紧靠一边，保证接穗和砧木有一面形成层对准。粗砧木还可两边各插一个接穗，以提高成活率，出芽后保留一个健壮的接芽进行养护。插接穗时，不要把削面全部插进去，要露2～3毫米的削面在砧木外，这样接穗和砧木的形成层接触面较大，利于分生组织的形成和愈合。接穗插入后用塑料布条从上往下把接口绑紧。

⑤埋土或罩塑料袋。接好后用土把砧木和接穗全部埋上。埋土的时候，接穗以下部位要用手按实，接穗部分的埋土应稍松，而接穗上端埋土要更细更松，这样有利于接穗萌芽出土。翌年早春接芽萌动时，再小心将土扒开。

劈接完成后也可不埋土而进行罩袋处理，这种方法可起到保温保湿和防止雨水浸入接口的作用。

3.其他枝接方法 下面这些枝接方法在樱花繁殖上不常用，这里简单介绍一下。

（1）单芽腹接（图5-15） 接穗只留1个芽削成斜楔形，一侧为长斜面，另一侧为短斜面。砧木不必剪断，在离地面3～5厘米处选平滑一侧斜下横切一刀，使与接穗削面的大小、角度相适应，将接穗插入时注意要"皮靠皮"，绑扎时将接穗绑牢。

（2）单芽切腹接（图5-16） 为切接法与腹接法的结合。嫁接时截断砧木，其他均与单芽腹接法相同。

（3）舌接（图5-17） 冬闲时在室内进行舌接。砧木与接穗的粗度要大致

接穗　砧木　接穗插入砧木　绑扎

图5-15　单芽腹接

图5-16　单芽切腹接

相同，在接穗基部削一马耳形削面，长约3厘米，然后在削面尖端1/3处下刀，与削面接近平行加入一刀。砧木同样切削，然后将两者削面插合在一起，插合时必须有一面对齐，接后绑扎。

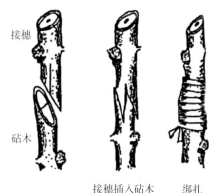

接穗插入砧木　　绑扎

图5-17　舌　接

（4）靠接（图5-18）　时间春（2月）、夏（6月）均宜。将作砧木和接穗的树木靠近，然后在作砧木的树木上选一光滑无节处，削3厘米长的削面只露出形成层，再在作接穗的植株上削一段和砧木削面相应的削面，露出形成层或削到髓心。然后用塑料带将两者绑缚在一起。两者愈合后，将作砧木的原枝干在愈合上端剪断，在愈合下端将作接穗的枝条剪断，即形成一株独立生长的樱花树。

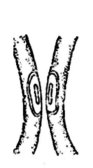

接穗和砧木　　接穗和砧木结合绑扎　　成活后剪砧木和接穗

图5-18　靠　接

四、根接

根接（图5-19）以根系作砧木，在其上嫁接接穗。在冬闲时可用切接、劈接、插皮接、腹接等方法进行室内根接。我们常用切接法进行室内根接，其操作方法同室内切接法差不多，也需要将砧木从圃地挖起、洗掉根部泥土后再进行嫁接。其不同点是根接是将接穗嫁接在根段上而不是枝上，用于根接的根系要粗壮（粗度最好在0.5厘米以上），不伤根皮，尽量多带点细根，嫁接时剪成8～10厘米一段。若砧根比接穗粗，可把接穗削好插入砧根内，即为正插；若砧根比接穗细，可把砧根插入接穗，即为倒插。根接后的绑扎、罩袋、假植、栽植方法与室内切接法基本相同。

在进行室内切接时，砧木挖掘会

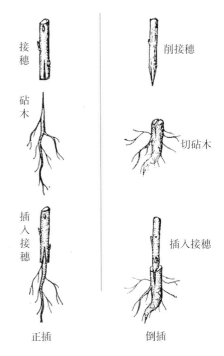

图5-19　根　接

产生许多断根，可以利用这些断根进行根接，所以说根接繁殖大大节约了砧木。

五、高接换头

樱花嫁接繁殖从嫁接部位上可分为低接和高接两种。低接法嫁接部位较低（在根颈部上5～8厘米处），多适用于较小砧木的嫁接；高接法即高接换头（图5-20至图5-22），嫁接部位较高，多适用于大树上嫁接。

高接换头在樱花品种管理中应用较多，它可以改劣换优品种。为了在短期内得到自己喜爱的樱花品种大树，可采用高接换头法。高接换头后的第二年就有相当的着花量。芽接和枝接均可用于高接换头，其中枝接中的切接法应用较多。下面以切接法为例加以介绍。

樱花的高接换头一般在早春萌芽前进行（图5-23），时间比切接法略迟，以3月中下旬为宜（武汉）。具体操作步骤见图5-24。

高接后保湿是很重要的措施，所以嫁接后应立即用塑料袋将嫁接好的枝条罩住，待接穗发芽展叶后，再在傍晚或阴天将塑料袋除去。高接换头几天后，切枝就开始发芽。每一切枝可抽生2～3个枝条，到

图5-20 2006年3月，以'染井吉野'樱花为砧木，高接换头'红丰'樱花品种，定植于武汉东湖樱花园中的开花状

图5-21 2006年3月，以'染井吉野'樱花为砧木，高接换头'手弱女'樱花品种，定植于武汉东湖樱花园中的开花状

图5-22 2006年3月，以'染井吉野'樱花为砧木，高接换头'太白'樱花品种，定植于武汉东湖樱花园中的开花状

图5-23 3月中下旬（武汉），樱花高接换头，至樱花发芽前结束

5～6月就长成了一株新品种的樱花树。

高接换头时还需注意以下几个方面。

（1）砧木的选择　应选择生长健壮的樱花树作为砧木进行换头，依据树龄和树形选留切接枝条。用作樱花高接换头的砧木树龄最好在6年以内，因为随着树龄的增大，嫁接和管理的工作量相应增大，而且有的因树龄过老，树势衰弱，高接后也不容易长出旺盛的枝条来。如我们分别以三年生的'染井吉野'和'关山'为砧木，高接换头其他樱花品种，每个砧木树上选留3～5枝健壮的一年生枝条进行切接，成活率均达98%。

（2）接穗的准备　选择自己喜欢的樱花品种进行换头，要求接穗生长健壮，砧木枝条与接穗枝条粗细相适应。

（3）砧木的削剪　砧木树上选留的一年生枝条先不短截。左手握紧枝条，右手拿切接刀在离枝条底部5～6厘米处斜削一刀，长2～3厘米。然后剪去削口以上的枝条。切接刀、修枝剪要锋利，力求削面和剪口平滑。

　　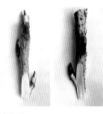　

削砧木　　　　剪砧木　　　　　　削接穗　　　　　　将接穗插入砧木中

绑扎　　　　　罩袋　　　　　接穗发芽状　　　嫁接第二年早春，高接换
头苗发芽开花状

图5-24　高接换头的具体操作步骤

高接换头不仅可以进行品种更换，而且可以将花期相近的樱花品种嫁接于一株樱花上，产生一树两花（图5-25、图5-26）、一树多花的十样锦樱花树，以提高观赏价值。例如武汉东湖樱花园内有一株含有两个品种的樱花树，一品是'杨贵妃'，一品是'关山'，'杨贵妃'花粉色且花期比'关山'早几天，'关山'花红色，这两品种进行搭配，不仅粉、红两色交相辉映，而且增加了

'染井吉野'

'仙台屋'

图5-25 通过高接换头，一株樱花树有两个樱花品种，'关山'和'杨贵妃'

图5-26 通过高接换头，一株樱花树有两个中樱品种，'染井吉野'和'仙台屋'

一株樱花树的观赏天数。

　　引回樱花品种枝条时，如果当时没有合适砧木进行嫁接，可以利用高接法暂时保留此品种，即将其嫁接到一株成年樱花树上，到以后有砧木时再行繁殖。如2008年3月我们将引回的'河津樱'（早樱品种）枝条嫁接到一株'关山'（晚樱品种）樱花树上，暂时将品种保存下来（图5-27）。由于早樱与晚樱集中于一株樱花树上，也就延长了整株树的观赏时间。

'河津樱'开花状　　　　　　　　　　　'河津樱'长叶状

图5-27 '关山'樱上嫁接'河津樱'，此时'关山'樱还是花蕾期，而'河津樱'已盛开

六、嫁接苗的接后管理

樱花切接苗一般要经过几年的培育才能成型而达到园林用苗的要求（图5-28）。下面以室内切接法为例介绍樱花嫁接的接后管理。

图5-28 樱花苗在圃地中生长状

1.切接苗的假植 樱花切接时间一般在1月上旬至2月上旬（武汉），接后将嫁接苗假植于塑料大棚的沙池中（图5-29）。假植期间要经常检查，以保持湿润。由于塑料大棚内的温度高于室外，所以塑料大棚内假植的切接苗一般发芽早于露地栽植苗。在嫁接苗假植期间，应随时观察接芽萌动情况，当发现白色小塑料罩袋有碍于接芽生长时，应及时将其剪掉（图5-30），否则接触塑料罩的接芽叶片将会坏死（图5-31）。假植时有的接芽可以开花，应随时将花芽抹掉，以减少养分的损耗（图5-32）。

图5-29　嫁接苗假植于塑料大棚的沙池中

图5-30　发现白色小塑料罩袋有碍于接芽生长时，应及时将其剪掉

图5-31　接触塑料罩的接芽叶片将会坏死

图5-32　应随时将花芽抹掉，以减少养分的损耗

　　2.一年生切接苗的管理　一年生切接苗移栽前必须先准备好苗床。移栽工作一般在2月下旬或3月上旬（武汉）。如果遇到寒潮，此项工作可延迟到3月中旬进行。有条件的地方，可移栽于塑料大棚中（图5-33）。移栽的株行距一般为25厘米 × 30厘米。移栽后浇一次透水（图5-34），以后进入正常的浇水管理。由于移栽时切接苗的接芽大多已萌发，所以有条件的应搭荫棚。不搭荫棚的，应每天用喷雾器向接芽喷几次水，以提高切接苗的成活率（特别是正午，阴雨天除外）。移栽后有的嫁接小苗也会开花，应随时抹掉花芽（图5-35）。

图5-33 移栽于塑料大棚中

图5-34 移栽后浇一次透水

图5-35 移栽后有的嫁接小
苗也会开花,应随
时抹掉花芽

　　一年生切接苗移栽后不要立即施肥,要等切接苗的根系恢复生长后再施,一般移栽30天左右开始施肥。肥料以氮肥为主,如腐熟的饼水肥等,肥料宜稀忌浓。为了尽快使苗木长粗长壮,4、5月间,一年生切接苗可施肥3～5次,施肥后切接苗生长迅速,如管理得法,一年生切接苗可长到150～200厘米(图5-36至图5-38)。一年生切接苗在抽芽过程中经常会发生病虫害,应及时喷药防治(图5-39)。

图5-36 一年生切接苗的接芽长到25厘米

图5-37 接芽长到50厘米左右高时应设立支架

图5-38 一年生切接苗生长状

图5-39 一年生切接苗发生病虫害

165

3.二年生切接苗的管理 二年生切接苗再进行移栽一次。移栽前应准备好苗床，苗床的排水边沟事先要做好（图5-40、图5-41）。二年生切接苗的移栽工作应在樱花发芽之前进行。此次移栽的株行距是120厘米×120厘米。移栽后浇一次透水，然后用竹竿支撑（图5-42），以保证直立生长。二年生切接苗萌芽时只需保留枝顶的5～7个芽，余下的芽应全部抹掉（图5-43）。这些选留的芽将来发育成樱花树的主枝。为了将养分集中到选留的芽上，应

图5-40 苗床的排水边沟事先要做好

随时将主干上选留芽以下的萌芽抹掉。移栽30天左右后施肥，施肥方法同一年生嫁接苗。

图5-41 二年生切接苗移栽前苗床准备

图5-42 二年生切接苗移栽后应立即立支柱

图5-43 二年生切接苗萌芽时只需保留枝顶的5～7个芽

167

4.三年生及三年生以上切接苗的管理　若管理得好，三年生的樱花苗已初显雏形（图5-44），可以出圃或定植庭院中，已具有一定的开花能力。只要每年对三年生及三年生以上樱花苗进行正常的管理，如整形修剪、施肥、病虫害防治等管理到位，那么樱花树的树形将会越来越丰满（图5-45）。

图5-44　三年生的樱花苗已初显雏形

图5-45　丰满的樱花树形

✿ 第四节　组织培养繁殖

　　组织培养技术是指在无菌的条件下，将离体的植物器官(根、茎、叶、花、果实、种子等)、组织(形成层、花药、胚乳、皮层等)、细胞(体细胞和生殖细胞)以及原生质体，培养在人工配制的无菌培养基上，给予适当的培养条件，利用细胞的全能性，使其长成完整的植株。利用组织培养新技术，可以对苗木进行工厂化生产，快速大量繁殖苗木。

　　组织培养繁殖具有质量优、抗性好、繁殖系数高、能大批量生产等优点，且繁殖不受季节和环境条件的限制，省工省时，节省土地。但组织培养繁殖也具有成本高、技术要求高等缺点。

　　组织培养繁殖属于无性繁殖中快速育苗的方法之一，在我国，组织培养技术在樱桃和樱桃砧木繁殖上有应用，但在樱花繁殖上应用较少。

第六章

樱花土壤与施肥

🌸 第一节 樱花土壤管理

一、樱花对土壤的要求

土壤肥力和质地对樱花生长发育具有决定性的影响。樱花适宜生长在土层深厚的沙壤土、壤质沙土、壤土或砾质壤土（多见于山地）中，要求有1米左右的活土层厚度，土壤中的有机质含量较高，土质疏松、透气良好、保水性较强。

不同的树种土壤pH适应的范围不同，例如杜鹃最适宜pH4.5～6.0，桃花最适宜pH6.2～6.8，南天竹最适宜pH7～8，而樱花和大部分树木如月季、桂花、紫玉兰等一样，喜中性或微酸性土壤，其最适土壤pH5.5～6.5。

栽植樱花的土壤有"二忌"：

忌盐碱地：一般说来降水量少的北方和沿海积盐地区土壤偏碱，而降水丰富的南方各地土壤易偏酸。这都是由于盐基(即钠、钾、钙、镁等)受到淋溶状况不同所引起的。樱花对盐碱反应敏感，如果在含盐量超过0.1％的土壤栽培，就会出现生长不良的现象。

忌黏重地：我们知道，樱花根上有较多皮孔，是呼吸的主要"气管"。樱花与大多数蔷薇科核果类树木一样，当土壤中氧气达10％以上时，根部才发育正常；若氧含量在2％以下时，根系就长得细弱，并逐渐死亡。在透水性不良或地下水位过高的土壤中樱花生长不良，一般在雨季最高地下水位也不应高于100厘米，否则根系分布浅、枝条生长量小、叶片黄小，出现未老先衰的征兆，严重时出现地上部流胶、地下烂根等状况，最后植株死亡。

二、腐叶土优点及其制作方法

腐叶土又称腐殖土，是植物枝叶在土壤中经过微生物分解发酵后形成的营养土，是常见的花木栽培用土（图6-1）。腐叶土自然分布广，采集方

便，堆制简单。有条件的地方，可
到山间林下直接挖取经多年风化而
成的腐叶土，也可就地取材制作腐
叶土。

腐叶土具有很多不同于自然土
壤的优点：一是质轻疏松，透水通
气性能好，且保水保肥能力强，肥
力持续性较长；二是多孔隙，长期
施用不板结，易被植物吸收，与其
他土壤混用能改良土壤，提高土壤

图6-1　备用的腐殖土

肥力；三是富含有机质、腐殖酸和少量维生素、生长素、微量元素等，能促进
植物的生长发育；四是分解发酵中的高温能杀死其中的病菌、虫卵和杂草种子
等，减少病虫、杂草危害。

腐叶土是櫻花基肥和土壤改良中的优质有机肥。自己配制櫻花腐叶培
养土，具体方法如下：秋季用落叶（或草本植物茎叶）五成(按压实体积比
例)，锯末三成，马粪二成，分层堆积，上盖10厘米厚的田园土，使其发酵
腐烂。堆积堆可按东西走向高、宽各1米，长短因地制宜，随堆随用清水浇
透。没有马粪时，也可用树叶和锯末各半，但要用稀薄人粪尿或泔水浇洒。
同样，也可以挖1米深的肥池沤制。第二年的春季，把腐烂的树叶翻捣粉碎，
再按体积比例，用腐叶堆肥土四成、素面沙土四成、炉灰土二成，掺和均
匀，再堆放一段时间。注意保持潮润，尽量多翻捣几次，使肥分与土壤充分
混合。

三、櫻花土壤管理的具体做法

土壤管理的好坏，直接影响到土壤水、气、热等状况和土壤微生物的活
动，对提高土壤肥力、促进櫻花生长发育和开花关系重大。櫻花土壤管理主要
包括花后浅翻、中耕松土、树盘覆盖等，具体做法要根据实际情况因地制宜
进行。

1.花后浅翻　由于大量游客的游赏和近树取景拍照，武汉东湖櫻花园中的
园地（特别是每株櫻花的树盘）被踏得非常结实，为了保证櫻花根系的透气环
境，每年櫻花节过后均要进行园地浅翻工作（图6-2）。园地浅翻时要尽量减少
对根系（特别是粗根）的损伤。如果时间紧不能进行全园浅翻，每年花后至
少每株櫻花的树盘必须进行浅翻。园地浅翻的深度以大半锹（约15厘米）为
宜，太板结的土壤，浅翻时应敲碎。树盘浅翻时注意近主干处稍浅，至外缘
处渐深。

图6-2 樱花园全园浅翻

2.中耕松土 樱花树根系较浅，对土壤水分状况尤为敏感，而且根系呼吸要求较好的土壤通气条件，因此雨后和浇水之后的中耕松土，成为樱花的一项经常性的管理工作。特别是进入雨季之后，樱花的吸收根易向表层生长，这说明土壤含水量过多，深层土壤的透气性较差，更应该对树围进行中耕松土。

中耕松土对樱花的生长起着重要的作用：一是可以切断土壤的毛细管，保蓄水分；二是消灭杂草，减少杂草对养分的竞争；三是改善土壤的通气状况。

樱花树中耕深度一般以5～10厘米为宜。中耕次数要看降雨情况、灌水次数及杂草生长情况而定，以保持樱花园清洁无杂草、土壤疏松为标准。为了防止雨季积水，武汉东湖樱花园在进行樱花树盘中耕时有意加高了树盘土壤（图6-3）。另外，中耕时如发现树根裸露，应及时加土覆盖。

图6-3 树围中耕松土

3.树盘覆盖 夏季高温季节，樱花进行树盘覆盖有如下的好处：

①夏季高温季节，树盘覆盖可起到良好的土壤保墒作用。灌溉或降雨后，径流损失小，表面蒸发小，土壤湿度的时间维持较长。

②覆盖的植物秆材料经日晒雨淋腐烂后，可增加土壤的有机质，改善土壤结构性能。

③夏季树盘覆盖后，可减小白天土壤表面的高温，使夏季高温季节的土壤温度变化不是那样急剧，对樱花生长有利。

④夏季进行树盘覆盖，可较少因抗旱过多而造成的土壤板结现象，保持土壤通气良好，从而使樱花根系发育良好。

⑤夏季进行树盘覆盖，杂草种子很难发芽生长，尤其是双子叶杂草更是如此。

武汉盛暑炎热异常，由于樱花根系较浅，樱花抗旱工作非常频繁，特别是衰弱的、抵抗力差的樱花树几乎天天需要浇水，所以樱花夏季树盘覆盖非常必要。但是对于夏季不是很炎热的地区，可不进行树盘覆盖。

覆草时间以夏季为好。覆草材料为秸秆材料，如玉米秸秆、豆秸、麦秸、白薯秧及稻草等物。覆草厚度为15～20厘米，覆草前先浅翻树，覆草后用土压住四周，以防风吹。

4.扩穴换土 扩穴换土是果树土壤管理的常规方法，我们不妨借鉴到樱花土壤管理之中。

在土质不良之地栽植樱花，定植后随着树体的生长，根系就会慢慢长满定植穴，如不进行扩穴换土工作，会产生"盆栽效应"，限制根系生长。

每年秋季(9～10月)为樱花扩穴改土的最佳时机，此时可结合施基肥进行扩穴。扩穴时要与原定植坑的边打通，中间不要有隔层，扩穴时应尽量保护樱花根系，扩穴的深度一般为60厘米左右，每次扩穴的宽度可自行确定（图6-4）。

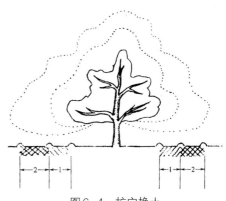

图6-4 扩穴换土
1.第一次扩穴换土 2.第二次扩穴换土

扩穴换土的土壤应为适宜樱花生长的营养土，可以自己配制，如腐叶土、园土、粗沙按2：4：1的比例配制而成。

5.铺设草坪或自然生草 樱花园作为观赏庭园，应尽量减少黄土见天，黄土见天之处应铺种草坪覆盖（图6-5）。适宜温暖地区且稍耐践踏的草坪植物有

图6-5 樱花园黄土见天之处铺种草坪覆盖

马尼拉草、绊根草、台湾青等。樱花园中也留一部分不铺设草坪，而是利用庭园中自然生长的杂草作为地被覆盖。自然生草需要注意应随时铲除恶性杂草，如加拿大一枝黄花、水花生等。

不管是铺设草坪还是自然生草，注意树盘应清耕，要经常进行中耕除草。樱花园应经常进行全园打草工作，打草的目的，一是保持庭园美观，二是避免草坪生长引起争水争肥。

✿ 第二节　樱花施肥管理

樱花是一种优秀的早春观花树木，其定植后往往需在一个地方生长几十年甚至上百年。樱花每年生长开花需要消耗大量的营养物质，这就要求樱花不断地从外界（主要是土壤）吸取大量的养分，所以在樱花栽培管理中施肥是极其重要的一环。

一、樱花需肥特点

1.施肥依据　樱花施肥应以树龄、树势、土壤质地与肥力、品种特性等为依据，掌握好肥料种类、施肥数量、施肥时期和方法，及时适量地供应樱花生长发育所需的各种营养元素，达到壮树及花繁叶茂的目的。

2.樱花根系及土壤特点　只有了解樱花根系分布及适宜生长土壤的种类，

才能做到科学合理地施肥。

（1）樱花根系分布特点　樱花属浅根系树种，主根不发达，主要由侧根向斜侧方向伸展，须根较多（图6-6）。根系主要集中分布在地表下5～60厘米的土层中，以20～25厘米土层为最多。

（2）樱花适宜生长的土壤　樱花适宜生长在土层深厚、土质疏松、保水力强、肥力较高的沙壤土、壤质沙土、壤土或砾质壤土（多见于山地土）中，要求pH 5.5～6.5，土壤中有机质含量较高。

樱花施肥时，要考虑栽植地土壤的质地和肥力，如pH较高的土壤应追施一些酸性肥料以降低土壤碱

图6-6　樱花根系较浅，须根较多

性；含沙量大的土壤应选择施用含有机质较高的肥料，利于保水、保肥，减少肥料流失；酸化土壤应选用碱性化肥来提高土壤的pH。

3.樱花不同生命周期的需肥特点

（1）1～2年树龄的幼树　此期主要以营养生长为主，施肥主要是促进营养生长，在营养上需氮较多。同时，对磷肥也不可忽视，因为磷对根系生长有积极促进作用。

（2）3～5年树龄的樱花　为促进树体由营养生长向生殖生长转化，此期施肥要控制氮肥施用量，加大磷、钾肥施用量。但如果为了继续扩大树冠而不急于使该树体进入观花期，此段时间可不控制氮肥施用。

（3）盛花期树龄的樱花　此期需要养分的数量大，种类多，平衡供肥是此期保持树体营养的关键；随着树龄的增长，对钾的需求量逐步增加，而且不仅对大量元素需求比例有变化，对微量元素也有所需求。

（4）开始衰老的樱花　此期树体每年的开花量仍较大，但营养生长逐渐减少，由于树体营养生长必须达到一定的枝叶量才能保证开花的营养需求，所以为了恢复树势、防止树体早衰，应特别加大氮肥的施用量。

4.樱花不同年生长周期的需肥特点　在樱花的年生长周期中，前期以氮为主，中后期以钾为主，磷的吸收在整个生长季比较平稳。樱花每年3～7月（武汉）是其生长旺盛期，萌芽开花、枝叶生长、花芽分化、根系生长等需消耗大量的营养物质，所以此段时间是樱花年生长周期中的需肥高峰期。

在樱花年周期的施肥管理上，要重视秋施基肥，追肥为辅。追肥要抓住花前追肥、花后追肥、花芽分化追肥等几个关键时期。

二、樱花施肥原则

1.以有机肥为主，有机肥和无机肥相结合　有机肥不仅具有养分全面的特点，而且可以改善土壤的理化性状，有利于樱花根系的发生和生长，扩大根系的分布范围。早施基肥、多施有机肥还可增加樱花贮藏营养，为翌年萌芽开花作准备。

2.抓住几个关键的施肥时期　樱花生命周期中，要抓住早期，先促其旺长，再及时控冠促花；年生长周期中，要抓住萌芽期、开花期、花芽分化期和休眠前等进行及时追肥。

3.平衡施肥　樱花施肥以基肥为主，然后根据各时期的需肥特点有所侧重。

4.经济合理　樱花施肥应经济合理，即做到"缺什么补什么，吃饱不浪费"。施肥量过少起不到作用，过多不仅造成浪费，而且还会引起肥害。同样的肥料量，是分几次施肥好，还是一次施肥好，应从以下两方面进行考虑：肥源广、肥力足的樱花园应分次施，如花前肥、花后肥、花芽分化肥等；肥源缺、肥力差的樱花园应集中在某关键时期，一次施入，一次"吃饱"，少量多次并不利于樱花营养生长和开花。

三、樱花肥料种类及其特点

1.樱花施用的肥料种类

（1）有机肥料　如厩肥、畜禽粪便、沤肥、沼气肥、饼肥、腐叶土和绿肥等。

（2）腐殖酸类肥料　以含有腐殖酸类物质的泥炭（草灰）、褐煤、风化煤等经过加工制成含有植物营养成分的肥料。

（3）微生物肥料　如根瘤菌、固氮菌、磷细菌、硅酸盐细菌和复合菌等。

（4）有机复合肥　经无害化处理后的畜禽粪便及其他生物废料加入适量的营养元素制成的肥料。

（5）半有机肥　即有机无机复混肥，有机肥料和无机肥料通过机械混合或化学反应而成的肥料。

（6）化肥　氮肥有尿素、硫酸铵、磷酸二铵等；磷肥有过磷酸钙、钙镁磷肥等；钾肥有硫酸钾、硫酸钾镁等；还有氮磷钾三元复合肥。

2.有机肥料的优点及注意事项

（1）有机肥料的优点

①为樱花生长发育提供丰富的养分，可增加土壤中可吸收态矿质元素的

数量。

②有机肥料含有樱花生长发育所需要的各种微量元素，土壤中只有在有机质含量较高时，各种营养元素才能平衡吸收，才能有效防止各种缺素症的发生。

③多施有机肥料可以改善土壤的结构，增强疏松及透气性，促进有益微生物的活动，提高土壤的保肥蓄水能力。

④与无机肥料相比，有机肥料具有肥效期长、肥力持久、缓和的特点。

（2）樱花施用有机肥料注意事项

①有机肥料适宜秋施，作基肥用。

②有机肥料施用前必须充分腐熟。这是因为：有机肥料所含养分多为有机态，必须在微生物的参与下，经过矿化作用变成化学元素或化合物才能被樱花根系吸收；可避免腐熟过程产生的高温灼伤樱花幼根而引起肥害；有机肥料腐熟过程中产生的高温可以杀灭肥料内混杂的病菌、寄生虫卵、昆虫卵或幼虫、草籽等。

③有机肥料不能施于土壤表面，应以土覆之。这是因为：有机肥料若撒施于土壤表面，会使一些释放出来的养分呈气态消失掉而造成肥分损失；撒施于土壤表面的粪肥不仅散发恶臭，而且易诱引蚊蝇、地下害虫，造成环境污染；植物根系具有趋肥性的特点，有机肥料若施于土壤表面易诱导根系向地表生长，降低根系抗旱、抗寒能力，造成树势削弱。

另外值得一提的是生物有机复合肥，它是将有机原料通过菌种处理使其矿化分解，然后按配方要求加入矿质元素进行搅拌、压型、烘干，制作成颗粒肥料。这样不仅提高了肥料利用率，而且改善了园林施肥环境，具有无臭、施用均匀、便于包装运输等优点，且施用时对人、畜、环境安全。注意施用生物有机复合肥时，应与其他肥料配合施用。

3.主要化肥及其特点

（1）尿素 淡黄色或白色颗粒物或针状结晶，有较强的吸湿性；含氮量45%～46%。可与基肥混用或作追肥用。

（2）硫酸铵 白色结晶物，易溶于水，有吸湿性；含氮量20%～21%。可作为追肥用，为生理酸性肥，在碱性土壤上施用时要注意覆土，以防氨气挥发。

（3）碳酸氢铵 白色结晶，在常温下随温度升高分解加快，有吸湿性；含氮量17%。可作基肥或追肥使用，是我国除尿素外使用最广泛的一种氮肥。

（4）过磷酸钙 灰白色粉末状，酸性、稍有酸味，易与土中的钙、铁化合成不溶性中性盐；含磷量14%～20%。制成颗粒磷肥可作为基肥施用。

（5）钙镁磷肥 碱性肥料，为黄褐色粉末状，易保存，不吸湿，运输方便；含磷量16%～18%。肥效比较慢，最好混合堆肥发酵后作基肥施用，不宜作追肥用。

（6）硫酸钾　白色结晶，吸湿性较小，贮存后不结块，易溶于水，有轻微的腐蚀性；含钾量48%～52%。生理酸性肥，可作基肥或追肥使用。

4.肥料中氮、磷、钾成分及其作用

（1）氮(N)　氮是樱花需要量最多的营养元素之一。氮可促进营养生长，提早幼树成形，延迟树体衰老，提高着花率，改善开花品质。缺氮引起枝叶生长弱，树体生长慢，叶片小而薄，光合性能降低。如长期缺氮，则会导致树体过度利用贮存在枝干和根中的含氮有机化合物，从而降低树体的氮素水平，造成根系不发达，抗逆性差，使樱花树体逐渐衰弱甚至死亡。

在樱花的生长发育中，氮肥起着非常重要的作用，但是氮肥过剩也会对樱花的生长发育产生危害。氮肥施用量过大而钾肥施用不足时，会导致樱花枝条徒长、花芽分化质量差、抗冻抗病能力低；在樱花上大量施用氮肥还会使蚜虫为害加重，并可能导致一些枝干病害和生理病害大量发生。

（2）磷(P)　磷是核酸、核蛋白、磷脂的重要组成成分。磷能促进樱花花芽分化，提高开花质量。增施磷肥还能改善樱花根系的吸收能力，促进新根生长，提高树体抗逆性和抗病性。缺磷会影响樱花树体内的物质代谢和能量代谢，延迟樱花萌芽开花，降低萌芽、着花率，影响根系发育。严重缺磷时，叶片边缘出现坏死斑。

（3）钾(K)　钾是樱花吸收量仅次于氮的一种重要营养元素，在树体内钾以离子态存在。在物质代谢中，钾能促进光合作用和光合产物的运输，促进开花结实，提高树体的抗逆能力。缺钾影响糖的转化，造成叶片偏小。严重缺钾时叶片边缘易焦枯、早落。但供钾过多，则会引起其他矿质元素缺乏（如缺钙）造成生理性障碍。

四、樱花缺素症及其防治

根据需求量的多少，一般把樱花生长发育的营养元素分成大量元素、中量元素和微量元素三类。当树体缺乏某种元素时不能正常生长发育，就表现出症状，即樱花缺素症。补充相应肥料可缓解症状，恢复其正常生长。为了做到对症下肥、肥到病除，必须了解樱花缺素症及其防治特点。

1.缺氮　叶片小而淡绿，开花稀少，叶片容易早期脱落。防治：可单独追施氮肥。

2.缺钾　表现为叶片边缘枯焦，从新梢的下部逐渐扩展到上部，即下部老叶首先出现症状。防治：生长季节叶面喷施磷酸二氢钾，或土壤追施硫酸钾，或在秋季施基肥时掺混其他钾肥。

3.**缺镁**　影响叶绿素的形成，呈现失绿症。严重时，新梢基部叶片叶脉间失绿并早期脱落。防治：叶面喷施硫酸镁或土壤追施少量的硫酸镁。

4.**缺钙**　缺钙导致生长点受损，顶芽生长停滞，幼叶失绿变形。防治：土壤追施过磷酸钙或钙镁磷肥。

5.**缺硼**　春季容易出现顶枯，枝梢顶部变短。叶片窄小，锯齿不规则。虽然有时还能形成花芽，但开花不良。防治：叶面喷施硼砂或土施硼砂。

6.**缺锌**　新梢顶端叶片狭窄，枝条纤细，节间短，小叶丛生，质地厚而脆，有时叶脉呈白或灰白色。防治：土壤追施或叶面喷施硫酸锌。

7.**缺铁**　铁是叶绿素形成不可缺少的，在樱花体内很难转移，所以叶片"失绿症"是樱花缺铁的表现，并且这种失绿首先表现在幼嫩的叶片上。防治：土施硫酸亚铁。

对于樱花缺素症的预防和治疗，应注意以下两点：一是樱花施肥时，应注意营养元素的全面性及平衡性。二是樱花出现缺素症状以后，要及时观察、分析和诊断，弄清所缺营养元素的种类及原因后再及时补肥治疗。

五、基肥、追肥和根外追肥

樱花施肥应以基肥为主、追肥为辅，基肥和追肥相结合。正如人们常说的"四季施肥料，秋肥最重要""基肥要足施，追肥要勤补"。

1.**基肥**　基肥是樱花周年生长发育的基本肥料，对樱花树体的生长发育和开花起着决定性的作用。不仅如此，施基肥时可以断去部分须根，利于促发须根群，增强樱花树体抗逆性。

（1）**基肥施用时间**　基肥以早施为好，一般在9～10月进行，南方温暖地区可在10～11月。早施是为了施肥当年就能发挥肥效，以增加树体营养物质的积累，为来年生长开花打下基础。

基肥施用时，樱花地上部分各器官虽然已基本停止生长，但由于此时气温、土温还较高，土壤微生物活动仍较旺盛，所以根系生长还未停止，此期正是樱花有机营养物质的积累时期，营养物质被根系吸收后贮藏于树体枝干及根中。

（2）**基肥肥料种类和堆肥方法**

①基肥肥料种类。樱花秋施基肥应以有机肥为主，厩肥、畜禽粪便、饼肥、腐叶土等均可施用，如猪厩肥、鸡粪等均是较好的有机肥料。为了减少环境污染和对游客的影响，武汉东湖樱花园秋施基肥多以饼肥和腐叶土为主。厩肥、畜禽粪便等农家肥作基肥时，一定要注意事先均要经过拌土堆积（即堆肥），利用微生物的分解与合成作用，使新鲜的肥料充分腐熟，形成植物可吸收的腐殖质和可溶性有效养分。堆积时可加入过磷酸钙，其用量可按肥料的

5%加入，即每100千克厩肥中可加入5千克过磷酸钙。

②厩肥堆积方法。厩肥堆积有紧密堆积和疏松堆积两种方法。

紧密堆积法，又称冷厩法。就是将厩肥运出畜舍外堆积，压紧，肥堆通常宽约2米、高约2米，肥堆外面覆以碎土。

疏松堆积法，又称热厩法。堆积时不要压紧，使其在疏松通气的条件下发酵。如果第一次肥料不多，堆高不够，可在肥堆上继续堆上第二层、第三层。

以上两法相比，紧密堆积的肥料达到腐熟状态的时间要比疏松堆积的长，但由于紧密堆积的肥堆紧密，氨气不易挥发，故得到的腐殖质要比疏松堆积的多。

（3）基肥施用量 秋施基肥在很大程度上影响着樱花来年开花的数量和质量，因此基肥的施用非常重要，约占全年施肥量的50%以上。但针对樱花单株的施用量并没有定论，这应根据树龄、品种、树体营养水平、土壤质地与肥力以及肥料种类等综合考虑，具体对待。下面介绍一般情况下樱花基肥的施用量，作为参考。

猪厩肥：幼树每次施15千克／株，成年树每次施30千克／株。

纯鸡粪：幼树每次施3千克／株，成年树每次施6千克／株。

饼肥：幼树每次施3千克／株，成年树每次施6千克／株。

2.追肥 追肥是指在樱花生长季节中加施的肥料，其作用是为了供应樱花在某个时期对养分的大量需要，或者补充基肥不足而施用的。基肥发挥的肥效平稳而缓慢，而追肥发挥的肥效及时而速效。

（1）追肥种类 樱花追肥分为花前追肥、花后追肥、花芽分化追肥等，具体追肥时间应依据各地的物候期进行。对樱花而言，花后追肥和花芽分化追肥尤为重要。

花前追肥：此期追肥可以追施氮磷钾三元复合速效肥。如果樱花树体营养水平较高，此次追肥可以不施。

花后追肥：樱花早春萌芽开花的营养主要来源于树体贮藏的营养，而花后新梢生长的营养主要靠当年吸收的营养。由于花后追肥可促进樱花萌芽抽枝，所以对于樱花来说这次施肥相当重要。如肥料紧缺，其他时期的追肥可不施，但这次追肥一定要施上。花后追肥多用稀释的腐熟饼肥液或高氮复合肥。

花芽分化追肥：一般樱花新梢停止生长后10～15天就开始进行花芽分化，此时应追施一次肥料，如速效复合肥等，一般在梅雨季节施用为好。

（2）追肥施用量 同理，追肥施用量也没有定论，应具体情况具体对待。下面介绍一般情况下樱花追肥的施用量，作为参考。

三元复合肥：幼树每次施120～150克／株，成年树每次施200～300

克／株。

饼肥液：幼树每次施10～15千克／株(施用时对3～4倍的水)，成年树每次施20～30千克／株。

尿素：幼树每次施0.05～0.2千克／株，成年树每次施0.2～0.5千克／株。

过磷酸钙：施用量同尿素。

3.根外追肥 即叶面喷肥，是追肥的一种特殊形式。

（1）叶面喷肥的特点 首先我们应明确叶面喷肥只是樱花施肥的应急和辅助性措施，不能代替土壤施肥，只能作为补充。叶面喷肥具有用量少、利用率高、肥效快、经济实惠的优点。

（2）叶面喷肥方法 樱花在整个生长季节均可进行叶面喷肥，但最适宜的温度为18～25℃，此时可每月喷施2～3次。叶面喷肥湿度较大时效果较好，喷布时间最好在上午10时以前或下午4时以后进行，可用打药的喷雾器进行喷雾施肥。喷施时，注意叶的正反两面均要喷到，特别是叶的反面不要遗漏，因为叶片背面的气孔多于正面，吸收肥的能力比正面强。喷施时，若能在溶液中添加少许洗衣粉作展着剂，则更有利于肥料的吸收。喷施后2天内如遇下雨，应进行补喷。一次根外追肥的肥效可持续7～10天，所以第二次喷施应在1周以后进行。叶面喷肥可以与防病治虫药剂配合使用。

为了提高树体内营养物质的积累量和浓度，秋季可在樱花即将落叶的前一周在叶面喷施0.5%的尿素。此次喷施不能过早也不能过晚，喷施过早会引起新梢萌发或因尿素浓度过高而烧焦叶片；喷施过晚，氮素未经叶片吸收就已落叶，达不到叶面追肥的效果。

（3）叶面喷肥的肥料及浓度

喷氮：以尿素为好，喷射浓度为0.2%～0.5%。

喷磷：常用过磷酸钙(含P_2O_5 20%左右)1%～2%浸出液。

喷钾：常用0.5%～0.8%的磷酸二氢钾、硫酸钾等。

喷硼：常用0.1%～0.3%的硼砂或硼酸。

喷锌：常用0.1%～0.3%的硫酸锌。

六、施肥方法

樱花施肥方法有环状沟施肥、猪槽式施肥、点穴式施肥、放射沟施肥、条沟施肥、撒施、根外喷施等（图6-7）。具体方法如下。

1.环状沟施肥 环状沟施肥是在树冠垂直投影的外缘挖环状的施肥沟（图6-8），一般宽30～50厘米，深度依每株樱花根系的生长情况灵活掌握，一般深40厘米左右。挖沟可以交替进行，如今年挖东、西边，明年挖

第一年　第二年

环状施肥　　　　　猪槽式施肥

点穴式施肥　　　　放射沟施肥

南、北边。如饼肥作基肥的施用方法：在施肥沟中先施入腐叶土，深约20厘米，再在腐叶土上均匀洒入饼肥，最后覆土，覆土以略高于地面为宜。

环状沟施肥操作简单，能节约用肥。但由于樱花根系主根不发达，水平根发达，在土壤中分布浅，所以环状挖沟时易切断樱花的水平根，故环状沟施肥方法多用于幼树。

图6-7　樱花施肥方法

图6-8　樱花园挖环状施肥沟

2.**猪槽式施肥**　猪槽式施肥与环状沟施肥类似，只是将环状沟中断为3～4个"猪槽"。此法比环状沟伤根少一些。

3.**点穴式施肥**　点穴式施肥也与环状沟施肥类似，将环状沟改为不相连接的圆穴，此法又比猪槽式施肥伤根少。幼树可挖5～6个点穴，成年大树可挖10～12个点穴（图6-9）。

图6-9　点穴式施肥

4.**放射沟施肥** 挖沟时，以树干为中心，离树干1～1.5米向外开挖4～6条放射状沟，沟长超过树冠外缘（见图6-7）。沟的深度不应相同，内浅外深，即近树干附近较浅，向树冠外较深。宽度为内窄外宽。用于追肥时沟深为10～15厘米，用于施基肥时沟深为15～40厘米。

5.**条沟施肥** 在株间相对应的树冠两边外缘下开沟施肥。秋施基肥时条沟应挖大一些，一般宽60厘米，深40～60厘米，长度依树冠冠幅而定。用于追肥时条沟应挖小一些，一般深15～20厘米。条沟施肥适合株间距较小的樱花树施肥。

6.**撒施** 适用于樱花追施化肥和复合肥。结合树盘中耕，中耕前将肥料均匀地撒在树冠下。这种施肥方式不可多用，过多地撒施不仅会导致养分流失，还会造成根系向土壤表层生长。

7.**根外喷施** 即把追施的化肥溶于水中，用喷雾器将其喷洒到樱花树的叶面和叶背上。另外，据说樱花的主干或主枝也有一定的吸收能力，主干或主枝施用的肥料有专用的涂抹型液体肥料，应用较多的是氨基酸液肥。涂于主干或主枝上的肥料可通过树皮的皮孔渗入树体内，供吸收利用。此种施肥方法较简单，用毛刷将肥料均匀涂于主干或主枝上即可。

第七章

櫻花整形与修剪

　　櫻花整形与修剪是在土、肥、水等综合管理的基础上对櫻花进行的一项重要的、关键的技术措施。櫻花整形是根据櫻花的生长规律，将櫻花树体进行整理，培养成骨架合理、枝条分布均匀、光照与空间利用充分的树体结构；修剪则是具体的园林管理措施与方法。櫻花整形与修剪是相辅相成、密不可分的，整形是通过修剪而实现，修剪又是在特定的树形下进行的具体操作措施。

　　櫻花整形修剪的目的是：培养良好的树体结构，调控树体生长与开花的关系，调控树体衰老和更新之间的关系，保持树冠内通风透光，维持健壮的树势，以达到连年开花繁盛的目标。

❀ 第一节　櫻花树体结构

　　櫻花树体由地下和地上两部分组成：地下部分为根系，地上部分为树冠。树冠中各种骨干枝和各级枝条的空间分布结构，称为树体结构。主干、中心干、主枝和侧枝为树体结构的骨干枝，骨干枝在树冠中起骨架负载的作用（图7-1）。

　　1.主干　从地面处的根颈至着生第一主枝的部位称主干，也称树干。这一段的长度称为干高。

　　2.中心干　主干以上在树冠中

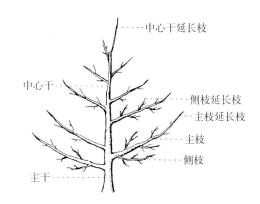

图7-1　櫻花树体结构（从主干疏层形为例）

心向上直立生长的枝干称中心干，也称中心领导干。中心干的长短决定树冠的高低。

　　3.主枝　着生在中心干上的大枝称为主枝，是构成树冠的主要骨架。

　　4.侧枝　着生在主枝上的分枝称为侧枝，通常将距中心干最近的分枝称第一级侧枝，以此向外延伸，称第二级、第三级侧枝等。

5.延长枝 各级枝的带头枝称为延长枝，包括中心干延长枝、主枝延长枝、侧枝延长枝。延长枝具有引导各级枝发展方向和稳定长势的作用。

❀ 第二节 庭园中櫻花的主要树形及其整形过程

庭园中櫻花常见的树形为自然开心形和主干疏层形（图7-2至图7-4），以及这两种树形的各种变异形及改良形，还有由于放任或疏于管理而形成的放任树形。下面以典型的自然开心形和主干疏层形为例进行介绍。

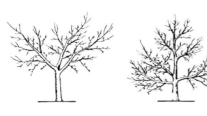

自然开心形　　　　主干疏层形

图7-2 庭园櫻花常见树形

图7-3 櫻花园中大多树形为自然开心形及其变异形

图7-4 主干疏层形

1.自然开心形（图7-5） 这是庭园中最常见的樱花树形。有主干而无中心干，主干一般高50～60厘米，在主干上分生2～5个主枝（以3个主枝为多），向四周均匀分布。每主枝上各分生侧枝（或称为副主枝）2～3个，侧枝上再分生次级侧枝，不断延伸生长。该树形通风透光良好、骨架牢固、植株饱满、树体高度适中，在庭园中特别适合近距离取景拍照。

'染井吉野'

'染井吉野'　　　　　　　　'变大岛'

图7-5　自然开心形

樱花自然开心形的整形过程（以三主枝为例）如图7-6。

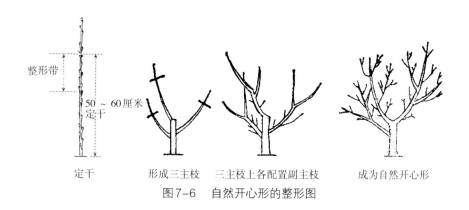

定干　　　　　形成三主枝　　　三主枝上各配置副主枝　　　成为自然开心形

图7-6　自然开心形的整形图

（1）定干（图7-7）　定干高度一般为50～60厘米，应根据品种和栽培目的作适当调整。如枝条分枝角度较小的品种定干高度应低一些，如'大提灯'、'红丰'等；而枝条分枝角度较大的品种定干高度应一些，如'普贤象'、'初美人'等。另外，在庭园栽培时定干可低一些，而作行道树栽培时定干应高一些，如100厘米。

图7-7　苗圃中已定干的樱花苗

定干时在剪口下20～25厘米的整形带内选择方位不同的5～7个较饱满的腋芽，从中选留培养2～5个主枝。如整形带内有副梢，修剪时应注意留副梢上面最饱满的芽。

（2）抹芽和摘心 开春萌芽后，要及时抹除整形带以下全部的萌芽，以减少养分消耗而集中供应整形带内选留的新梢生长。在一个节位上有双芽或三芽萌发的，只保留其中的一个新梢。6月上中旬，应注意选择方位上分布均匀、开张角度适宜的枝条培养主枝。对旺枝进行摘心，控制其生长，使其长势均衡。9月新梢停止生长后，剪去部分先端尚未木质化的嫩梢，可减少养分消耗，增加树体营养积累，提高其越冬抗寒能力。

（3）冬季修剪 一年生幼树的冬季修剪主要是剪截主枝，主枝剪留长度一般为40～50厘米。当主枝长势强弱不一致时，应采用强枝重剪、弱枝轻剪的方法，抑强扶弱。并注意剪口下第一芽或第二芽的留向，以便第二年分生出理想的二级侧枝。经3～4年培养，樱花的主侧枝基本成形，这时可停止重、中短截和摘心处理，而进行缓放或轻短截处理。

2.主干疏层形 此树形有主干和中心干，有主枝5～8个，分2～3层（有的没有明显分层）。树体高大，适用于干性明显作乔木栽培的樱花品种，在园林应用上多作行道树栽培。

主干疏层形整形过程如图7-8。苗木定干高度一般为50～60厘米。定植后第二年选留中心干和第一层主枝（每层有2～3个主枝）。在通常情况下，剪口第一芽萌发的枝条适合培养成中心干。第三年选留第二层主枝及第一层主枝上的侧枝。以后各年再选留以上各层主、侧枝，以增加枝叶量，加快扩大树冠。整形中应注意平衡各骨干枝间的长势，对开张角度较小的主枝可适当进行拉枝处理，以维持良好的通风透光条件。

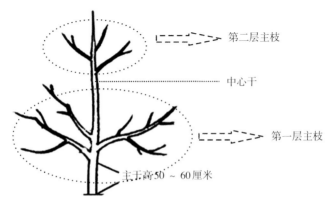

图7-8 主干疏层形的整形图

❀ 第三节　樱花整形修剪时期与方法

1.樱花整形修剪的时期　整形修剪的时期一般分为生长期和休眠期两个时期。生长期整形修剪的时期是指从萌芽至树体停长落叶前，休眠期整形修剪的时期是指从落叶后到萌芽前。对于樱花而言，休眠期的修剪时间最好应该是在花谢后的萌芽初期，因为此时修剪伤口愈合快，但是对于大规模的樱花园并不容易做到在这一短时期内全部修剪完成，如武汉东湖樱花园，每年大规模的樱花修剪时间是从花谢萌芽初期一直持续到五一节前（图7-9），而休眠期的修剪我们只进行枯死枝、重叠枝等修剪（图7-10）。

图7-9　武汉东湖樱花园每年大规模的樱花修剪

图7-10　樱花休眠期的修剪只修去枯死枝或重叠枝等

2.樱花整形修剪的主要方法

(1) 缓放　对一年生枝条不进行修剪，或只剪除顶芽或顶部的几个轮生芽，任其自然生长的方法称为缓放，在果树栽培上称为长放或甩放。

(2) 疏枝　把枝条从基部剪去或锯去的方法称疏枝。疏枝主要用于疏除过密枝、重叠枝、枯死枝、衰老枝、病虫枝等。

(3) 短截　把一年生枝剪短的方法称为短截。依剪短程度可分为轻截、中截、重截几种。

(4) 缩剪　也称回缩。对多年生枝条或骨干枝进行短截的方法叫缩剪。缩剪主要用于更新复壮或控制树冠。

(5) 抹芽　将萌芽或嫩新梢从基部抹去的方法叫抹芽。春季萌芽时应随时抹去根部及主干上的萌芽或嫩新梢，对主枝及其他侧枝上过多的直立性芽，也应抹去。

(6) 摘心　在夏季摘去新梢顶端部分，以抑制其生长的方法称摘心。摘心后可发二次梢。

(7) 弯枝、拉枝和撑枝　为了改变枝梢生长方向及空间位置，可采用弯枝、拉枝和撑枝等方法。

(8) 捻枝　夏季对生长旺盛的一年生枝的顶端嫩尖用手轻轻捻蔫，以减弱生长势，促进花芽分化。这在樱花盆景栽培中可用到。

❀ 第四节　不同树龄樱花、移栽樱花及放任樱花的修剪

1.不同树龄樱花的修剪

（1）幼树的修剪　樱花幼树应适当轻剪，促控结合，以达到迅速扩冠、缓和极性、促发短枝、早日开花的目的。樱花幼树的主侧枝应按不同的整形要求进行短截，对其他枝条要掌握轻剪多留枝的原则。夏季要加强摘心工作，因为摘心能调节生长势，保持枝条的从属关系，同时还能促使二次梢萌发，加速树冠的形成。为了提早开花，冬季修剪时尽量少短截。

（2）成年树的修剪　成年树的树形已经形成，树冠基本稳定（图7-11）。其修剪目的在于维持树势不衰，调节生长与开花的关系，改善光照条件，以保证年年开花繁盛。为了平衡树势，要掌握强枝短留、弱枝长留的原则，并适当疏去直立枝、密生枝等。由于徒长枝的生长消耗树体营养，原则上应全部由基部剪除，如生长空间较大，也可酌留少数枝条进行短截修剪来培育开花枝组。不管是幼年树还是成年树，对于病虫枝、枯死枝、横生枝、平行枝、交叉枝、重叠枝等应一律从基部剪掉。

（3）衰老树的更新修剪　樱花树体开始衰老时，树势明显衰弱而开花稀

图7-11　成年櫻花树树冠基本稳定

少，树冠上部及内部的枝条逐渐枯死。这里所说的櫻花衰老树，一是指櫻花树龄步入老龄后老龄树，一是指由于栽培管理的原因，树龄虽未进入老龄但树势极度衰弱的衰弱树。櫻花衰弱树的一个特征是直枝櫻品种的枝条出现垂化现象，这在'关山'、'十月櫻'等品种上有表现明显。

衰老树更新修剪的主要任务是培养新的树冠和开花枝组，采取回缩修剪措施，将枝条回缩到生长势较粗壮的分枝处。这里要注意对大枝的更新修剪应分期分批进行，以免一次疏除枝条太多而削弱树冠的更新能力，同时应结合采取去弱留强、去远留近、以新代老的措施。当大枝干上的休眠芽萌发较多的徒长枝时，应利用徒长枝进行更新修剪，使树冠复壮。

为了配合櫻花衰老树的更新修剪，应及时加强水肥管理，注意排涝、防旱，加强中耕除草及病虫害防治等工作，使树势得到较快恢复。

2.移栽櫻花的修剪　在櫻花园管理中常常要进行缺株补植和密植间移的工作。移栽櫻花，应注意起树时减轻对根系的伤害，异地运输中要保证根系不失水抽干，以及移栽后适时进行浇水等管理。除此之外，移栽櫻花特别是移栽櫻花大树，为了保证成活率，应正确实施修剪措施。移栽櫻花的修剪原则：伤根重则修剪重，伤根轻则修剪轻；树冠大则修剪重，树冠小则修剪轻。此原则的根本目的是保持树冠和根系生长的相对平衡。

（1）移栽幼树的修剪　移栽櫻花幼树时，因为树冠小和根系分布范围小，起树时断根不是很多，所以可以适当轻剪，即对中心干延长枝、主枝延长枝进行适当短截，对较长的侧生分枝进行回缩处理，对所有的徒长枝进行疏除。

（2）移栽大树的修剪　移栽櫻花大树时，因为树冠大和根系分布范围大，起树时断根较多，很难保留完整的根系，所以应当重剪，即对主、侧枝的延长枝进行短截，短截时要注意留一斜生的分枝带头生长；必要时还要回缩一些主枝，疏除所有的徒长枝，对于发育枝也应进行重短截或疏除。

俗话说"动土动根，莫让树知"，樱花移栽应在萌芽前进行。但是有时必须在其他季节（秋季和夏季）移栽时，要注意：秋季移栽，要将没有脱落的叶片全部摘掉，以免引起抽条；夏季移栽，要在起苗时保护好土球及移栽后应遮阳，另外特别要注意的是移栽要摘取大部分叶片，以降低蒸腾作用,减少水分的散失。

3.放任樱花的修剪　栽培若干年后未按整形要求进行修剪的樱花树，或根本就没修剪过的樱花树，我们称为放任樱花树。放任樱花树表现特征为：树体没有合理的骨架结构，大枝多而乱，树冠内部的透光通风情况差，内膛枝细或枯死。

对于放任樱花树，首要解决的问题是树冠内部通风透光的问题。要有计划地将过密凌乱的大枝逐年疏除。如果中心干过强，可在适当部位开心，并将大枝拉开一定角度，使树冠内部通风透光。对于拉枝处理，由于放任树的大枝一般较粗壮，撑开不太容易，可先用锯在大枝基部距分枝点20～30厘米处锯2～3刀，然后均匀用力将枝拉成所需的角度，注意拉枝后要对锯口进行消毒及绑扎处理。大枝拉开后，会对新梢的生长产生抑制作用，这样有利于营养物质的积累，促进枝条花芽分化。

❀ 第五节　垂枝樱整形与修剪

垂枝樱，因其枝条自然下垂，临风摇曳，所以比直枝樱多了些妩媚。为了保持和提高垂枝樱的观赏效果，每年都应对其进行整形修剪。

1.垂枝樱树冠类型　垂枝樱的树冠一般分为伞形树冠和自由形树冠两种。不管采用哪种树冠，都应具有层次均衡感，树冠中各层次的下垂枝条的排列应有条不紊，不可杂乱无章。

（1）伞形树冠　伞形树冠的垂枝樱，其高度不再发展，条条垂枝围着主干组成一个伞形树冠，树态匀称潇洒（图7-12）。

图7-12　伞形树冠的垂枝樱开花状

（2）自由形树冠　自由形树冠的垂枝樱，其高度随着树龄的增长而不断增长。自由形树冠的垂枝樱一般分为3～5层（也有没有明显分层的情况），下大上小的树态给人一种稳重、发展之感（图7-13）。

2.**垂枝樱的整形**　与直枝樱相比，垂枝樱的整形具有自己的特点。垂枝樱的整形分为伞形树冠的定高整形与自由形树冠的不定高整形两种。两种整形方法各具特色。定高整形可以使树形较早固定下来，以后通过慢慢地整形修剪，使垂枝树

图7-13　自由形树冠的垂枝樱整形过程中的开花状

形日趋优美完善，所以定高整形多用在以观赏树形为目的的垂枝樱或盆栽垂枝樱上。不定高整形，其树高每年都在增长，树形在高度上有较大的发展，最终可长成高大蓬勃的垂枝树形，即人们常说的瀑布樱花。

（1）**伞形树冠的定高整形**（图7-14）　伞形树冠的定高整形就是树的高度在最初就固定下来，随着树龄的增长，其高度不会发生明显变化。垂枝樱的定高整形其实就是借鉴了垂枝梅的整形方法，修剪采取"去内留外围"的方法，每年通过整形修剪，使垂枝不断向外扩展，最终形成优美硕大的伞形树冠。

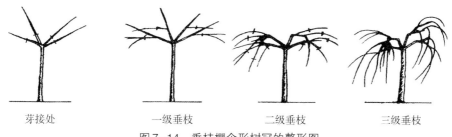

芽接处　　　　　　一级垂枝　　　　　　二级垂枝　　　　　　三级垂枝

图7-14　垂枝樱伞形树冠的整形图

（2）**自由形树冠的不定高整形**（图7-15）　此种整形方法是不固定垂枝樱的高度，随着树龄的增长，其高度不断增长。整形方法是：垂枝樱定植时在树干周围插一长竹竿，其上总是选择一枝柔嫩且长势健康的树枝向上牵引生长，以此作为垂枝樱的中心干。这项工作要在垂枝樱幼苗时就应持续进行，否则树干长结实后操作就困难了。

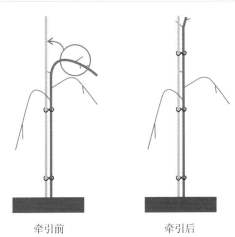

牵引前　　　　　　　　牵引后

图7-15　垂枝樱自由形树冠中心干的牵引方法

3.垂枝樱的修剪方法

（1）疏枝（图7-16）　疏枝即常说的疏剪。疏剪就是将枝条自分生处剪去。疏剪可以调节垂枝枝条分布空间，使其树态均匀平衡，改善通风透光条件，加大生长空间，有利于树冠内部枝条的生长发育及其花芽分化。垂枝樱疏剪的对象主要是病虫枝、干枯枝、过密的交叉枝等。疏剪应在花谢后进行。

图7-16　疏剪后的生长状

　　每年对垂枝樱疏剪应分层进行，从下而上顺序疏剪。在下位枝和上位枝取舍有矛盾时，应尽量剪去下位枝而保留上位枝。对每层中的枝条应精细修剪，尽量保证使每一垂枝都有生长发展空间及下一步的生长发展空间。与不进行疏剪的垂枝樱相比，经过精心疏剪的垂枝樱，不仅观赏价值要高得多，而且生长健壮，着花率高。

　　（2）短截（图7-17）　对垂枝的短截就是将一年生枝条垂枝保留基部3～5个饱满芽后进行修剪。其目的是为了刺激侧芽萌发，增加垂枝数量，扩大树冠，从而增加垂枝樱的开花量。

　　垂枝樱短截应在花谢后立即进行。短截时一定要注意剪口芽的方向，宜选择枝条上饱满的外芽为剪口芽，剪口芽的方向就是将来萌发新枝的方向。另外，也可根据实际情况将剪口芽留在有生长空间的那一面，以弥补垂枝树冠中的空缺，完善垂枝树形。

短截修剪的方法在伞形树冠和自由形树冠的垂枝樱中均可用到。花谢后对一年生枝条进行短截前，首先应采取疏剪方法，疏去病虫枝、干枯枝、过密的交叉枝等枝条，然后再进行短截修剪。

（3）除蘖 在垂枝樱的生长季节，应随时除去从根部长出的根蘖以及主干上长出的嫩枝。这些萌蘖条不仅有碍垂枝樱的树形，而且还会消耗大量养分，进而影响垂枝樱的生长和开花。

图7-17 短截后的生长状

❀ 第六节 樱花修剪注意事项

在樱花栽培管理中，修剪管理相当重要。樱花修剪应注意以下几个方面。

1.正确剪口（图7-18） 在修剪时要注意剪口离剪口芽的距离以及剪口角度和方向，否则剪后出现干桩或削弱剪口芽生长势。

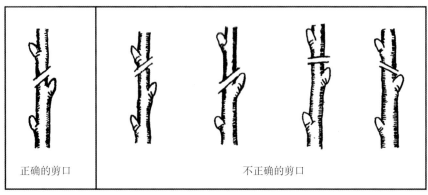

正确的剪口　　　　　　　　　　　不正确的剪口

图7-18 剪 口

剪口离剪口芽太远，芽上残留部分过长，伤口不易愈合而形成干桩；离得太近，易伤芽体，也易削弱剪口芽的长势；剪口太平，不利于伤口愈合；剪口削面太斜，伤口过大，也不利于伤口愈合。

正确的剪口是剪口稍有斜面，斜面上方略高于芽尖，斜面下方略高于芽基部。这样伤面小，易愈合，有利于发芽抽枝。

2.正确锯口（图7-19） 樱花树体受伤后，容易受到病菌的侵染，从而导致流胶或根癌病的发生。因此在栽培管理中，注意不要损伤树体；在整形修剪中，应尽量减少造成大伤口；疏除大枝条时，锯口要平、要光滑，留桩不宜过高，不要劈裂树皮，更不能形成"对口伤"（即一条枝干同一点两边均有伤口）和"朝天疤"。

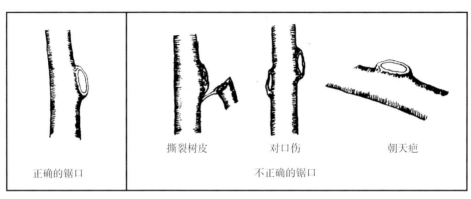

撕裂树皮　　　　对口伤　　　　朝天疤

正确的锯口　　　　　　不正确的锯口

图7-19　锯　口

3.掌握修剪时期 冬季修剪，虽然在樱花的整个休眠期内都可进行，但以越晚越好，一般是以接近芽萌动期修剪为宜。其原因是，樱花木质部的导管较粗，组织较松软，如果休眠期或早春修剪过早，剪口容易失水，形成干桩而危及剪口芽，或向下干缩一段影响其下部着生的枝条。而在接近萌动期时进行修剪，此时分生组织活跃，愈合较快，可避免剪口的干缩。

4.及时修剪轮生枝 生长旺盛的樱花树有时会出现3～5个轮生的徒长枝，应及时修剪，按照树势留1～2个健壮枝即可。若过晚修剪，不仅造成营养消耗，还会使修剪伤口大，易引起流胶，对樱花生长不利。

5.慎短截 有些樱花品种花谢后的修剪，应以"疏"为主，而不要轻易短截，这是根据这些品种的植物学特性决定的。

樱花的5种花枝中，混合枝、长花枝的顶芽和部分侧芽为叶芽，可萌芽抽枝；中花枝、短花枝和束状花枝仅顶芽为叶芽，能萌芽抽枝，而侧芽几乎全为花芽，这些侧芽因为全部是花芽，其花谢后便成为盲节，而无萌芽抽枝的能力。花谢后若将中花枝、短花枝进行短截，由于顶芽被短截掉，那么这些枝条将成为废枝而慢慢枯死。

樱花品种中'松月'、'御车返'、'普贤象'等品种的花枝以中花枝、短花枝和束状花枝为主，整株树较少出现长花枝，花谢后进行修剪时，应将过密的枝条从基部疏去，千万不要进行短截。这些品种的新枝，若顶芽发育不良则成哑枝（即不萌发抽枝），最后慢慢枯死。

'关山'樱成年树在营养状况好时能形成较多的长花枝，但营养状况差时中花枝和短花枝较多，所以'关山'樱树势差时花后修剪也不要进行短截，应以疏剪为主。但是，'寒绯樱'的中花枝上有较多叶芽分布，且有花芽和叶芽并生现象，像这样的品种则可以进行适当短截。

6. 夏季修剪不可忽视　樱树修剪一般是落叶后至花芽萌动前以及花谢后进行。但樱树如果夏季修剪得当，不仅可减轻冬、春季修剪的工作量，而且可增加树膛内的光照，促进花芽分化和贮藏养分的积累。

夏季修剪的方法有抹芽、摘心和疏枝三种。抹芽是从3月底至4月初开始，将密集的、交叉的、位置不当的嫩梢抹去。这项工作在生长期内要进行多次，否则任隐芽萌发的枝随意生长，不但夺去树体养分，造成荫蔽，影响生长和开花，而且冬剪时，因疏枝会造成许多伤口。樱花的芽具有早熟性，在生长季节应进行多次摘心。摘心是摘去新梢顶部，可促发二次枝和三次枝。摘心还可促使花芽充实。疏枝的目的是使树冠通风透光。一般在6～7月，新梢不再发生时，将过密的徒长枝疏去，有利于花芽分化和枝叶生长充实，但不可过度，以免枝叶损失过多，反使贮藏养分减少。

7. 樱花与梅花在修剪上不同　樱花与梅花均为蔷薇科核果类落叶树种，虽然在栽培管理上二者有许多相通之处，但是在修剪上有诸多不同，主要表现在以下两个方面。

（1）修剪量不同　有谚云：樱花剪者为笨伯，不剪梅花亦笨伯。梅花比樱花耐修剪，这是因为梅花萌芽力和成枝力要比樱花高得多。梅花大部分芽均可萌发，仅枝条基部形成3～6厘米长的光秃带。而且梅花隐芽寿命长且极易萌发，在梅树树冠内，甚至在相当大的干枝上重截的伤口附近，只要有适当阳光，隐芽很容易萌发为徒长枝。所以每年花谢后，梅花的修剪量比樱花大得多。

（2）修剪方法不同　梅花的修剪方法很多，如短截方法运用得较多，而樱花在修剪上短截方法运用比梅花少。

第八章

樱花病虫害及防治

樱花病虫害按发生部位可分为叶部病虫害、枝干病虫害和根部病虫害。其中叶部病虫害大多不会造成致命性危害，而枝干和根部病虫害危害性较大，有可能使樱花树致命，所以更应加强防治。

❀ 第一节　樱花病害及防治

一、樱花叶部病害及防治

1.叶片穿孔病（图8-1）　主要为害叶片，也侵染枝梢。叶片穿孔病5月上旬开始侵染，发病初期为圆形小斑点，后逐渐扩大为褐色的圆形、多角形或不规则病斑，接着病部干枯脱落，形成穿孔。枝梢发病时，病斑以皮孔为中心，最初为暗绿色，水渍状，逐渐变为褐色，中间凹陷，后期病斑中心表皮龟裂。此病7～8月为害最重，严重时引起大量落叶。

图8-1　樱花叶片穿孔病

病原菌在病叶和枝梢上越冬，翌年春季借风雨等传播，生长季节可反复再次侵染。

防治方法：

①加强肥水管理，增强抗病能力。如增施有机肥以增强树势，合理修剪以增加树体的通透性等。

②清园消毒。越冬休眠期间，彻底清理落叶，集中烧毁；发芽前喷布3～5波美度的石硫合剂，进行清园消毒，消灭越冬病源。

③化学防治。花谢后（发芽初期）喷一次50%多菌灵可湿性粉剂600倍液防治。发病期间，可喷布1：1：240倍波尔多液，或70%代森锰锌可湿性粉剂600倍液，或75%百菌清800倍液，或70%甲基硫菌灵可湿性粉剂1 000倍液等，一般半月喷布一次，多雨季节适当加喷。对于樱花细菌性穿孔病，喷洒农用链霉素200单位有较好的防治效果。具体用法和稀释倍数应参考所施用农药的说明书进行。

2.叶斑病　初期被侵染叶片的正面叶脉间产生色泽不同的坏死斑，扩大后呈褐色或紫色，中部先死，逐渐向外枯死，斑点形状不规则。单独的斑点不大，但数斑联合可使叶片大部分枯死。斑点背面往往出现粉红色霉，有时叶柄也会受到侵染产生褐色斑。病斑出现后，叶片变黄，有时也可形成穿孔。叶斑病发生严重时，7月下旬即可出现落叶，8月中下旬至9月上旬进入落叶盛期。

病原菌在落叶上越冬，春暖后形成子囊及子囊孢子随风雨传播，侵入后经1～2周的潜伏期即表现出症状，并产生分生孢子，借风雨重复侵染。

防治方法：参见叶片穿孔病的方法。

二、樱花枝干病害及防治

1.天狗巢病　又名簇叶病、丛枝病。樱花发生天狗巢病后，病梢叶片变小，节间缩短，枝叶丛生，叶片基部粗肿。病叶小而肥厚，叶缘向内卷曲，色淡，后期病叶表面产生白色粉状物。天狗巢病的子囊菌透过孢子和风雨传播，以芽孢子附在冬芽上或树皮上越冬。

樱花天狗巢病在日本多有发生，据报道'染井吉野'樱花最为严重。我们在樱花上虽未发现天狗巢病的发生，但不可大意。

防治方法：发现天狗巢病，应立即将患病树枝全部剪除。在患病树枝上一般有一处明显凸起，必须从凸起以下剪除。剪下的树枝一定集中焚烧，以免再次引起感染。加强肥水管理、清园消毒和化学防治，参见叶片穿孔病的防治。

2.干腐病　为害的树种较多，特别在果树上为害很广泛，它是一种世界性的果树病害。

樱花干腐病多发生在主干和主枝上。发病初期，病斑呈暗褐色不规则形，病皮坚硬，常溢出茶褐色黏液。随着病情发展，病部逐渐干缩凹陷，呈黑褐色，表面密生小黑点。干腐病可烂到木质部，严重时引起全枝或全株死亡。

干病菌在枝干的病组织内越冬，翌春病菌靠风雨传播，从伤口、皮孔侵入，待温暖、多雨时发病。

该菌为弱寄生菌，树体带菌普遍，具有潜伏侵染的特点。病菌侵入树皮后，只有当树势和枝条生长衰弱时，潜伏病菌才能扩展发病，树势恢复后，则可停滞扩展。也就是说，树势弱的发病重，树龄大、管理粗放的发病重。

防治方法：

①减少和避免伤口的产生，若产生伤口，则需对伤口及时消毒和保护。

②及时检查，发现病斑应及时刮治，刮治后涂药保护伤口。

③加强肥水管理、清园消毒的方法，参见叶片穿孔病。

④树干腐烂严重的樱花树应进行更新复壮工作，首先刮除樱花树体腐烂部分，再进行伤口消毒及保护，处理时注意保护不定根，最后用疏松的营养土填满空洞后包扎（图8-2）。由于树干腐烂严重，处理时应立支杆支撑树体。

树干腐烂

腐烂处理后包扎状

树干处理后开花良好

图8-2　樱花树的干腐病

3.木腐菌病　是树木衰弱或衰老时经常发生的一种树干病害，即木材腐朽菌。木腐菌有多种，侵染樱花树干的多为白色种（图8-3）。木腐菌导致樱花树干腐朽的原因主要有两个：一是树干被蛀干害虫为害，造成小孔，腐朽菌由这些小孔侵入为害，导致树干腐朽；二是长有腐朽菌的地方已经腐烂，而木腐菌的生长又加重该处树干的腐烂。

防治方法：

①清除病源。一旦发现木腐菌，应立即将每一患病处的菌体仔细刮除，集中烧毁，对伤口进行严格的消毒和保护。

②加强肥水管理、清园消毒的方法，参见叶片穿孔病。

图8-3 木材腐朽菌侵染

4.枝干癌肿病（图8-4） 主要为害枝干，初期病部产生小突起，暗褐色略膨大，分泌树脂，逐渐形成肿瘤，表面粗糙成凹凸不平，木栓化很坚

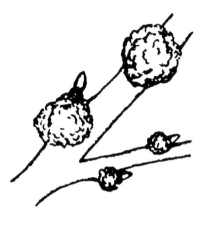

图8-4 枝干癌肿病

硬，色泽逐渐变成褐色至黑褐色。肿瘤近球形或不规则形，大小不一，最大的直径可达10厘米以上。一个枝条上肿瘤数不等，少的1～2个，多的十几个或更多。树干上的老肿瘤一般在4月上旬开始增大，在7～8月增大最快，11月后基本停止扩大。枝梢当年发生的新病瘤，一般在5月下旬开始出现，6～7月发生最多。该病在管理粗放的樱花园中发生严重，发病树树势衰弱，以致逐年枯死。

防治方法：

①加强肥水管理，增强树势，是樱花枝干癌肿病防治的关键。

②冬季清园消毒。

③尽量减少伤口的产生，对产生的伤口进行严格的消毒和保护。

④早春发芽前刮除病部，对伤口进行消毒和保护。

5.流胶病（图8-5） 引起流胶病的原因很复杂，其发病机理目前还不清楚。对树木流胶病现在有两种观点：一种认为流胶病是一种生理病害，不具有侵染性；另一种认为流胶病是一种真菌病害，具有侵染性。

图8-5 流胶病

非侵染性流胶病：樱花非侵染性流胶病主要是由于栽培管理不善而引起的，如修剪过重、机械损伤、土壤黏重、蛀干害虫蛀孔、施肥不当、冻害、涝害、土壤理化性质不良等均可引起樱花树体流胶，发病后树势逐渐衰弱。

侵染性流胶病：樱花侵染性流胶病主要为害枝干，一年生嫩枝染病后，以皮孔为中心形成瘤状突起，直径1～4毫米，其上散生小黑点，当年不流胶。翌年5月，瘤皮开裂，溢出树脂，由无色半透明逐渐变为茶褐色胶体。多年生枝产生水泡状隆起，直径1～2厘米，并有树胶流出。侵染性流胶病以菌丝体和分生孢子器在被害枝里越冬。翌春3～4月弹射出分生孢子，借风雨传播，从伤口、皮孔、侧芽侵入。侵染性流胶具有潜伏侵染特征，一年有2次发病高峰，分别是5月下旬至6月上旬和8月上旬至9月上旬。

防治方法：

①加强肥水管理、清园消毒的方法，参见叶片穿孔病。

②早春发芽前刮除病部，对伤口进行处理和保护。修剪时尽量减少较大的剪锯口。

三、樱花根部病害及防治

1.根腐病（图8-6） 樱花根腐病易发生在5～15年树龄的樱树上。多从根颈或有伤口的根部开始发病，逐步向粗大的侧根蔓延。病部先出现水渍状褐色病斑，皮层组织溃烂，形成层腐烂，病树树势逐渐衰弱。发病严重时，造成整株死亡。土质黏重、排水不良的土壤，樱花根腐病发病较重；土质疏松透气性良好的土壤，发病较轻。

图8-6 根腐病

防治方法：

①选择土层深厚、土质疏松、保水力强、肥力较高的沙壤土、壤质沙土、壤土栽植樱花。

②搞好土壤改良工作，加强土壤管理，使栽植土壤不积涝，保持良好的通透性，减轻发病概率。

③防治土壤害虫，避免和减轻根部伤口，杜绝病菌侵入。

④及时检查，发现根部患病生长势衰弱的病株时，冬季应进行根部复壮。

2.根癌病（图8-7） 即根部肿瘤病，是一种分布很广的病害，在核果类树木上发生严重。它是樱花多发病害，甚至在一年生樱花嫁接苗上也有发生（图8-8）。如果一株樱花无论如何施肥也不能恢复其树势，那么就应该怀疑其根部长有肿瘤。

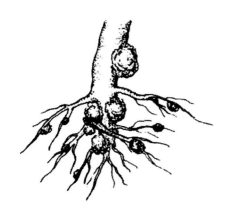

图8-7　根癌病　　　　　　　图8-8　一年生樱花嫁接苗的根癌病

根癌病的肿瘤多发生在根颈部、主根与侧根连接处、接穗与砧木愈合处。病菌从伤口侵入，在病原细菌刺激下根细胞迅速分裂而形成肿瘤，肿瘤形状不规则，大小不一，小如豌豆，大如拳头或更大，如日本弘前公园中有一棵树龄约500年的垂枝樱树，从其根部就挖出了一个长100厘米、宽50厘米的巨大肿瘤。根癌病是一种慢性病，患病树体在早期地上部分并不明显，随着病情扩展，肿瘤变大，须根也相应减少，树势也逐渐衰弱，严重时全株干枯死亡。

根癌菌是一种土壤习居菌，雨水、灌水、地下害虫、修剪工具、病组织及有病菌的土壤等均可传播。低洼地、碱性地、黏土地发病较重。

防治方法：

①选用无病土壤栽植，尽量不要栽植于以前种过樱花或桃、梅、李等蔷薇科树木的地方；选用抗病砧木；出圃苗木要严格淘汰病苗，对可疑带病苗木可用0.5～1波美度的石硫合剂或30倍液K84等药剂浸根消毒。

②加强肥水管理，促进根系健壮生长；防治地下害虫；避免在根颈部造成伤口，对已经出现的伤口要及时进行处理和保护。

③根部外科手术：有些树势衰弱的樱花，无论如何施肥都不能恢复树势，就应该进行根部换土复壮工作，结合此项工作，应对樱花根部进行外科手术。发现根部肿瘤应彻底切除，附着在较细的树根上的根瘤可轻易地剔除，中粗根上的根瘤可用利刀切除，对于生长得异常坚固的大根瘤，则必须用小型电锯将其切除。切口要进行严格的处理和保护，用K84药剂涂抹，并在根系周围浇灌一些药液。切下的根瘤必须集中烧毁，以防止病菌重新感染。换土复壮时应将原土运走，因为它们已被病菌感染。回填的土应使用未被污染的营养土。

四、樱花生理性病害及防治

1.枝枯病　主要为害樱花新梢。每年4～5月，发病樱花树上有大量新梢枯死而停止生长，干枯新梢长约15厘米。枯梢上未发现病斑，病因不明，可能是一种生理病害或根部病害引起的。据我们观察，樱花枝枯病在'初美人'樱花品种上发病严重。

防治方法：发现病枝及时剪除，集中烧毁；加强肥水管理，增强树势，提高抗病能力。

2.秋季二度开花生理性病害（图8-9） 樱花正常落叶期在秋冬季，但管理粗放时，往往由于病虫害或干旱等不良因子而引起樱花提早落叶。樱花秋季落叶后若遇干旱气候，就会有少量花芽迅速萌发，以致开花，甚至结果，这就是樱花的"二度樱"现象。樱花的二度开花是樱花不得已的生理现象，这与具有一年几次开花的多期樱品种的品种特性是截然不同的。

图8-9 2015年11月9日拍摄的'雏菊樱'二度开花现象（此时正常的花芽还比较小）

樱花秋季二度开花，减少了第二年春正常开花的数量。所以应加强管理，尽量保证樱花树正常落叶，从而减少樱花秋季二度开花的现象。

图8-10 在积水圃地中，'飞寒樱'樱花苗根部腐烂状

3.药害 樱花对有机磷农药特别敏感，如敌敌畏、氧化乐果和敌百虫等，若施用不当，则易发生药害，引起叶片提前脱落。所以樱花喷药不要使用有机磷农药。

4.樱花生理性烂根病 常见的有水涝烂根、肥害烂根和盐碱烂根三种类型。

水涝烂根：樱花产生涝害后，初期枝条基部叶片发黄并脱落，后逐渐往上部叶片发展，严重时叶片黄化、叶缘焦枯，但不脱落。挖开树根检查，可看见侧根和细根皮孔膨大、发青、突起，并有很浓的酸腐气味。水涝烂根是积水浸泡造成根系呼吸缺氧及腐生微生物发酵，使根系腐烂（图8-10）。水涝烂根，与樱花栽植地势、地形、地下水位、土壤黏重等情况以及樱花品种和砧木抗性等关系密切。

肥害烂根：施化肥时没撒开，成团施入或成堆施入未腐熟的有机肥，均可使樱花产生肥害。樱花产生肥害后，吸收根先成团变黑死亡，同时支根上形成黑色坏死斑，大根根皮也变黑死亡，根皮易剥离，严重时木质部也变褐死亡。被害根表面覆有白色至褐色黏液，具氨气臭味。严重时，地上部主干和大枝一侧树皮成带状变黑坏死，干缩后凹陷，易剥离，其下面木质部也变褐，成条状坏死。同时，与烂根相对应的树上叶片，其边缘焦枯变褐。变褐从主脉开始，逐渐发展到侧脉和小叶脉，从叶脉向叶肉发展，严重时造成急速大量落叶。

盐碱烂根：高浓度盐碱钠、镁离子，造成树体水分倒流和外渗，使叶片和细根失水、腐烂。樱花产生盐碱害后，树根前端须根大量变褐枯死，与之相接的侧根也相继形成黑色斑。整株树的吸收根和细根明显减少。土壤水分高时，根表面覆有黏液。地上部叶片色浅，边缘呈黄绿色，向内扩展，之后由边缘向内焦枯。

樱花生理性烂根病的防治方法：

①发现积水应及时排水。

②多施有机肥，并适当深施，下引根群。

③有机肥应充分腐熟后再施用。施用时，要将其与土混匀后进行沟施。施化肥要撒匀，不要成堆。发生肥害后，要大量灌水解救。

④不要在盐碱重的土壤栽植樱花，确需栽植时，必须先进行土壤改良，并增施有机肥和绿肥。同时，选栽有抗盐碱砧木的樱花苗。

第二节　樱花虫害及防治

一、樱花叶部虫害及防治

1.山楂红蜘蛛(图8-11)　又名山楂叶螨，以成螨、若螨和幼螨为害樱花叶片，常群集在叶片背面的叶脉两侧刺吸叶汁。受害叶初期呈现许多失绿小斑点，渐扩大连片，叶片背面成锈红色，致使叶片光合作用降低，严重时全叶苍白枯焦早落，削弱树势，常造成秋季二次发芽开花，影响翌年开花质量。

雄性成虫　　雌性成虫

图8-11　山楂红蜘蛛

防治方法：

①发现个别樱花树叶有红蜘蛛时，应及时摘除杀灭，以免蔓延。

②保护天敌。红蜘蛛的天敌有瓢虫、草蛉、花蝽、捕食螨类等。

③药剂防治。在早春樱花发芽前结合防治其他病虫害，可喷布3 ~ 5波美度的石硫合剂，以消灭越冬成虫及卵。夏季发生期，可喷73%克螨特乳油3 000倍液，或50%溴螨酯乳剂2 500倍液，或1.8%阿维菌素乳油4 000倍液等，具体用法和稀释倍数应参考所施用农药的说明书。螨类易产生抗药性，注意杀螨剂的交替使用。

2.蚜虫(图8-12) 为害樱、桃、李、杏树的蚜虫有多种，其中主要有桃蚜、桃粉大尾蚜和桃瘤头蚜。桃蚜在嫩梢和叶背为害，被害叶向叶背不规则卷曲；桃粉大尾蚜可分泌大量蜡粉，在叶背为害，被害叶向背面作合状；桃瘤头蚜的成虫、

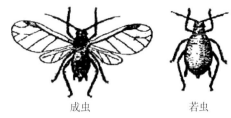

成虫　　　　　若虫

图8-12 蚜 虫

若虫群集叶背刺吸汁液，被害叶片凸凹不平，叶缘向背面纵卷，被卷处组织肥厚初呈绿色，后微红，最后变枯黄而脱落。蚜虫易导致煤污病发生。

防治方法：

①发芽前喷布3 ~ 5波美度的石硫合剂，进行清园消毒，消灭越冬虫源。

②防治蚜虫应抓紧早期防治，即在越冬卵全部孵化后且叶片尚未被卷之前进行，最佳施药时间是樱花发芽后半个月左右。可用的化学药剂有4.5%高效氯氰菊酯乳剂2 000倍液，或50%抗蚜威2 000倍液等。

3.梨花网蝽(图8-13、图8-14) 又名梨军配虫，以若虫和成虫在叶背面刺吸为害。被害叶正面形成苍白色斑点，背面布满褐色斑点状的黏稠粪便。为害严重时，叶片变褐，呈铁锈色，失去光合作用功能，并很快干枯脱落。7 ~ 8月为害最为严重，10月中下旬，成虫寻找适宜场所越冬。

防治方法：

①秋冬季节要彻底清除园内的落叶、杂草，发芽前喷布3 ~ 5波美度的石硫合剂，进行清园消毒，消灭越冬虫源。

图8-13 梨花网蝽

②发生期可喷洒20%杀灭菊酯乳油3 000倍液或20%氰戊菊酯乳剂2 000倍液等，着重喷布叶片背面。

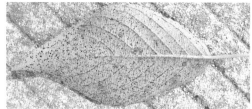

樱花叶片正面　　　　　　　　　　　　樱花叶片背面

图8-14　樱花叶片梨花网蝽为害状

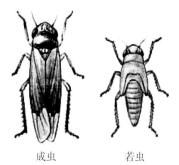

成虫　　　若虫

图8-15　小绿叶蝉

4.小绿叶蝉(图8-15)　以成虫、若虫群集在叶片背面刺吸汁液，使叶面失绿而产生数量不等的白色斑点，严重时斑点成片，影响叶片光合作用，导致树体营养不良，树势衰弱，叶片早落。以成虫在落叶、杂草、树皮缝内越冬，樱花发芽时越冬成虫开始出蛰上树为害。温暖地区，世代重叠严重。

防治方法：

①冬季清理枯枝落叶，集中深埋或烧毁。

②在成虫发生期，园间树上挂黄色粘虫板诱杀成虫。

③萌芽期至展叶期、5月上中旬的抽梢期应及时喷药防治，药剂可选用2.5%溴氰菊酯乳油2 500倍液或其他菊酯类农药，或10%吡虫啉可湿性粉剂4 000倍液等。

5.卷叶蛾(图8-16)　春天樱花萌芽时，卷叶蛾幼虫出蛰为害新梢顶端，将叶卷为一团。卷叶蛾多以2～3龄幼虫于被害梢卷叶团内结茧越冬，1个卷叶团内多为1头幼虫，也有2～3头的。

防治方法：

①清除越冬虫源，结合冬剪剪除被害枝梢和叶团，集中烧毁。

②卷叶团易辨识，在生长期摘除卷叶团，消灭其中幼虫和蛹。

成虫

幼虫

图8-16　卷叶蛾

③药剂防治。越冬幼虫出蛰盛期及第一代卵孵化盛期后是施药的关键时期，可喷20%甲氰菊酯乳油2 000倍液，或20%速灭杀丁乳油3 000倍液，或1.8%阿维菌素乳油4 000倍液等。

6.刺蛾(图8-17) 又名洋辣子，以幼虫伏在叶背面啃食叶肉为害，使叶片残缺不全，严重时只剩中间叶脉。幼虫体上的刺毛含有毒腺，与人体皮肤接触后，备感痒痛而红肿。茧坚硬，椭圆形，以老熟幼虫在枝干上的茧内越冬，7、8月份高温干旱，刺蛾发生严重。

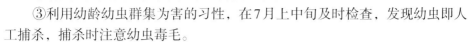
成虫

幼虫　　　　　茧

图8-17 刺　蛾

防治方法：

①秋冬季结合修剪摘取虫茧或敲打树干上的虫茧，减少虫源。

②利用成虫的趋光性，用黑光灯诱杀成虫。

③利用幼龄幼虫群集为害的习性，在7月上中旬及时检查，发现幼虫即人工捕杀，捕杀时注意幼虫毒毛。

④在幼虫盛发期，喷洒2.5%溴氰菊酯，或功夫乳油3 000倍液等。

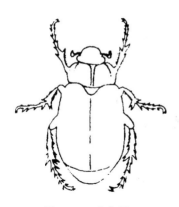

图8-18 金龟子

7.金龟子类(图8-18) 金龟子的成虫啃食樱花树的嫩枝、芽、幼叶等，幼虫为蛴螬，在地下取食幼根。一年发生一代，以成虫或老熟幼虫在地下越冬，翌年发芽时，成虫开始出土为害，气温升高时成虫活动增多。成虫有假死性、趋光性和趋化性。

防治方法：

①在成虫发生期，利用它的假死习性，于早晚用振落的方法捕杀成虫。

②诱杀。于傍晚在樱花园边点火堆诱杀，也可用黑光灯等诱杀。

③药剂防治。成虫为害严重时，可喷布20%甲氰菊酯乳油2 000倍液防治，或5%高效氯氰菊酯乳油2 000倍液等。

二、樱花枝干虫害及防治

1.梨小食心虫（图8-19） 简称梨小。主要以幼虫从樱花新梢顶端2～3片嫩叶的叶柄基部蛀入为害，并往下蛀食，新梢的嫩尖逐渐萎蔫。蛀孔外有虫粪排出，并常有胶液流出，很易识别。一年发生3～4代，

图8-19 梨小食心虫

以老熟幼虫在树皮缝内等结茧越冬，有转主为害的习性。

防治方法：

①冬季休眠期，刮掉主干和枝条上的越冬幼虫，减少翌年的虫口数量。生长期间及时剪除受害新梢，集中处理。

②在成虫发生期，树上悬挂梨小食心虫性诱剂进行诱杀。

③喷药防治的关键时期是各代卵发生高峰期和幼虫孵化期，可选用2.5%功夫乳油2 500倍液，或20%甲氰菊酯乳油2 000倍液，或20%速灭杀丁乳油3 000倍液，或2.5%溴氰菊酯乳剂2 000倍液，以及其他菊酯类农药。

2.小透翅蛾　以幼虫在枝干皮层蛀食，食害韧皮部为害，易引起树体流胶或感染腐烂病。树皮被害初期，在表面流出水珠状黏液，以后逐渐变为黄褐色，并混有木屑，在树皮下形成不规则的蛀道，其中充满虫粪。

防治方法：

①加强树体管理，增强树势，避免产生伤口，以减少成虫产卵的机会，还可在樱花枝干上涂抹石灰涂白剂以防产卵。

②在春季看见樱花枝干上有孔向外流胶或有虫粪时，可用小刀削开干皮捕杀幼虫，应对伤口进行处理和保护。

③在成虫发生期，往树干上喷药以消灭成虫和卵，常用的药剂有20%氰戊菊酯乳剂2 000倍液等。

3.金缘吉丁虫(图8-20)　俗称串皮虫。以幼虫于枝干皮层内、韧皮部与木质部间蛀食，被蛀部皮层组织颜色变深。随着虫龄增大深入到形成层串食，虫道迂回曲折，被害部位后期常常纵裂，枝干满布伤痕，树势衰弱。主干或侧枝若被蛀食一圈，可导致整个侧枝或全株枯死。1～2年完成1代，以大小不同龄期的幼虫在被害枝干的皮层下或木质部的蛀道内越冬，寄主萌芽时开始继续为害。成虫有假死性。

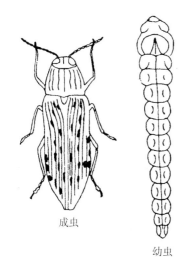

成虫

幼虫

图8-20　金缘吉丁虫

防治方法：

①加强树体管理，增强树势，避免产生伤口。成虫羽化前及时清除死树枯枝，消灭其内虫源。利用成虫假死习性，在成虫发生期于清晨振落捕杀成虫，3～5天1次效果较好。

②幼虫为害处易于识别，可用药剂涂抹被害处表皮，以毒杀幼虫；或用刀和铁丝钩挖幼虫；或树干用磷化铝熏杀；在树干上包扎塑料薄膜封闭，上下

端扎口，内装磷化铝1～3片以杀死皮内幼虫。

③成虫发生期可喷布20％速灭杀丁乳油2 000倍液，或4.5％高效氯氰菊酯乳剂2 000倍液等喷洒枝干，以触杀成虫。

4.红颈天牛(图8-21) 又名铁炮虫。是为害樱花常见的蛀干害虫，以幼虫蛀食树干和大枝为害。为害前期，在皮层下纵横串食，后蛀入木质部深达树干中心为害。虫道呈不规则形，在蛀孔外堆积有木屑状虫粪（图8-22）。为害后易引起流胶，受害树体衰弱，严重时可造成大枝甚至整株死亡。2～3年完成1代，以大小不同龄期的幼虫在树干蛀道内越冬。幼虫到3龄以后向木质部深层蛀食。一旦发生红颈天牛，必须及时进行治疗，否则几年后会造成整株樱花死亡。

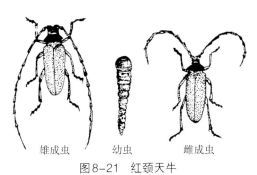

图8-21 红颈天牛　　　　图8-22 流胶病和蛀干害虫木屑状虫粪

防治方法：

①红颈天牛喜欢产卵于老树树皮裂缝及粗糙部位，应加强树干管理，保持树干的光洁。成虫发生前也可在枝干上涂抹涂白剂，用于防治成虫产卵。涂白剂配制比例为：生石灰10份∶硫黄1份∶水40份。

②人工捕捉成虫。在成虫发生期内，中午捕捉成虫。

③人工挖除幼虫。在7～8月进行，此时发现有新鲜虫粪可用尖刀或铁丝钩挖蛀道内的幼虫。

④药剂防治。当幼虫已蛀入树干后，用杀虫药剂制成毒签、药泥和药棉球堵塞排粪孔，再用黄泥将排粪孔堵严；也可挖出粪便，用兽用针管注射药液；或树干用磷化铝熏杀，熏杀方法同金缘吉丁虫的防治。

5.桑白蚧(图8-23) 又名桑盾蚧、桑介壳虫。以成虫、若虫、幼虫刺吸枝条和枝干。枝条被害后生长势减弱，衰弱萎缩，严重时枝条表面布满白色虫体（图8-24），致使枝条萎缩枯干，甚至整树死亡。桑白蚧以雌成虫(受精后)越冬。

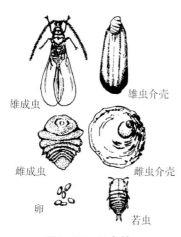

雄成虫　　　雄虫介壳

雌成虫　　雌虫介壳

卵　　　　若虫

图8-23　桑白蚧

图8-24　介壳虫为害樱花树干状

防治方法：

①休眠期用硬毛刷刷掉枝条上的越冬雌虫，或喷布50倍机油乳剂，或3～5波美度石硫合剂。枝干上的白色污染物，用稀释的机油乳剂清洗干净（图8-25）。

②发芽前喷45%晶体石硫合剂200～300倍液或100倍机油乳剂，杀灭越冬介壳虫。

③抓仔虫孵化期、爬行扩散阶段喷药防治，即在1～2代初孵若虫还未形成介壳以前，喷0.3波美度石硫合剂，或20%杀灭菊酯3 000倍液或其他菊酯类农药，或10%吡虫啉可湿性粉剂4 000倍液等。

④保护天敌，如小黑瓢虫等。

6.蚱蝉　又名知了、黑蝉。蚱蝉为害樱花主要有以下三种形式：产卵雌虫在樱花枝梢上连续刺穴，

图8-25　枝干上的白色污染物可用稀释的机油乳剂清洗干净

穴呈直线或不规则螺旋形排列，造成被害梢失水枯死；成虫刺吸嫩枝汁液，造成树势衰弱；若虫在土中生活，刺吸树根汁液，削弱树势，影响树木生长。

蚱蝉幼虫生活在土中，将要羽化时于黄昏及夜间钻出土表，爬到树上蜕

皮羽化。成虫产卵多在5毫米粗的当年生枝梢上。此虫严重发生地区，至秋末常见满树干枯枝梢。

防治方法：

①发现有产卵枝条，立即集中烧毁。在若虫出土盛期，每天傍晚在树下进行捕杀。夏季成虫盛期，人工捕杀。

②火光诱杀。在成虫发生盛期，夜晚在树下点火，摇动树干，成虫受惊后飞向火堆，可将成虫烧死。

③产卵盛期在樱花树冠外围绑杨、柳、榆等树条(枝径5毫米左右)，引诱蚱蝉产卵其上，然后集中消灭。或在树枝上绑塑料条，惊吓蚱蝉，防止其产卵为害。

7.白蚁（图8-26） 主要以工蚁为害樱花树干的树皮、浅木质层以及樱花根部，造成被害树干腐烂并形成大块蚁路，被害树根腐烂坏死，从而导致树势衰退。白蚁每年5～6月和9～10月为为害盛期。

图8-26 樱花根部白蚁为害

防治方法：

①挖蚁巢。

②用灭蚁粉剂喷施蚁体。

③悬挂黑光灯诱杀或用松木、甘蔗、芦草等坑埋于地下，保持湿润，并施入适量农药诱杀工蚁。

8.小粒材小蠹 对树木毁灭性大，据报道主要为害板栗、杨梅等果树。2006年6月，在武汉东湖樱花园的樱花树上首次发现了此虫的为害，应引起樱花界高度注意。小粒材小蠹幼虫钻蛀樱花树干及枝条边材和木质部，枝干外表可见直径2毫米左右圆孔（图8-27），圆孔周围有少许锯屑，圆孔内部布满虫

道。此虫一旦侵入，使受害枝很快枯萎，严重时整株枯死。2006年6月，我们发现虫情后立即采取治疗措施，采用磷化铝对树干熏杀及注药治疗，虽然控制了虫情，但治愈效果不理想。染病的樱花树，主干大多枯死，我们将这些枯死的主干锯掉烧毁。几个月后，锯掉主干的樱花树从树干基部发出了许多徒长枝（图8-28），我们用这些徒长枝进行树体更新，有的制作成樱花盆景。

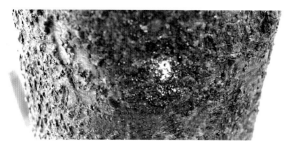

图8-27　枝干外表可见直径2毫米左右的圆孔

图8-28　小粒材小蠹为害的樱花树锯干后萌发的徒长枝

❀ 第三节　樱花病虫害综合防治措施

在樱花生长发育过程中，会有许多病虫为害樱花的根系、枝干和叶片。防治樱花病虫害的方法归纳起来有五种，即管理防治、物理防治、生物防治、化学防治、植物检疫。应综合利用这些方法，本着"预防为主，综合防治"的原则，首先把好检疫关，以管理防治和物理防治为基础，大力推广生物防治，适当采用化学防治。

1.管理防治　就是通过科学的管理技术，如选用抗（耐）病虫品种、加强栽培管理以及局部改造自然环境等来抑制或减轻病虫的发生。

在樱花上常结合栽培管理，通过清园消毒、施肥、翻土、修剪等来防治病虫害，或根据病虫发生特点采用人工捕杀、摘除、刮除等方法消灭病虫。

在樱花病虫害防治中这种方法用得很多，几乎每种病虫的防治都能用到。具体操作如下：

①选育和推广抗病虫害能力强的优良品种。

②及时清除病虫植株残体和枯枝落叶，集中销毁；操作时要避免重复污

染，整枝修剪、中耕除草、摘心摘叶时要合理科学，防止用具和人手将病菌传给健康植株；有病的土壤不经消毒不能重复使用。

③生长季节人工捕杀天牛、吉丁虫、金龟子等；刮除树干上的腐烂组织，伤口进行消毒处理。

④合理施肥增强树体抵抗能力，使用有机肥料要充分腐熟以减少侵染源，使用无机肥料要注意各元素间的平衡。特别是对生长势差的樱花树更应加强管理，以提高植物自身的抗病虫能力。

⑤合理修剪改善通风透光，以抑制病虫的发生。

管理防治是综合治理的基础，其优点是贯彻预防为主的主动措施，可以把病虫控制在为害之前，可充分利用病虫生活史中的薄弱环节（如越冬期）采取措施，收益显著。而且，管理防治有利于天敌生存，不污染环境。但是，对于樱花病虫害防治，管理防治有一定的局限性，对一些病虫不能做到完全彻底控制。

2.物理防治　就是指利用各种物理因子(光、电、色、温湿度、风)或器械防治害虫的方法，包括捕杀、诱杀、阻隔、辐照不育技术的使用等。如黑光灯诱杀害虫，黄色粘虫板诱杀叶蝉，树干涂白驱避害虫产卵，性诱剂诱杀卷叶蛾、食心虫等。

物理防治没有化学防治所产生的副作用，但是物理防治中有些方法对天敌也有不利影响，如黄板和黑光灯诱杀害虫的同时也会诱杀一些害虫天敌，如寄生蜂、草蛉等。

3.生物防治　就是利用天敌昆虫、病原微生物、其他动物和昆虫激素等，对园林植物病虫害进行防治，即以虫治虫、以菌治虫、以鸟治虫、以螨治螨等。

防治樱花山楂红蜘蛛为害，可利用深点食螨瓢虫、东方钝绥螨、中华草蛉、小花蝽以及在树上喷洒浏阳霉素、阿维菌素等生物杀螨剂进行生物防治；防治樱花梨小食心虫为害，可利用性信息素测报诱杀，保护利用寄生蜂等进行生物防治；防治樱花金龟子为害，可利用乳状芽孢杆菌、卵孢白僵菌进行生物防治；防治樱花桃蚜为害，可利用斜斑鼓额食蚜蝇以及在树上喷洒浏阳霉素、EB-82灭蚜菌等生物杀虫剂进行生物防治；防治樱花桑白蚧为害，可利用日本方头甲、桑白蚧盗瘿蚁、红点唇瓢虫等进行生物防治；防治樱花红颈天牛为害，可利用昆虫病原线虫和肿腿蜂进行生物防治；防治樱花根癌病，可利用土壤杆菌素K84进行生物防治。

4.化学防治　就是利用各种来源的化学物质防治病虫的方法。目前主要指化学合成农药的防治。

化学防治的优点是杀虫作用快，效果好，使用方便，不受地区和季节

215

性局限，适于大面积快速防治。目前，化学防治仍然是综合治理的一个重要手段。但化学防治也存在缺点，概括起来可称为"三R问题"，即抗药性(Resistance)、再猖獗(Rampancy)及农药残留(Remnant)。由于长期对同一种害虫使用相同类型的农药，使得某些害虫产生不同程度的抗药性；由于用药不当杀死了害虫的天敌，从而造成害虫的再度猖獗；由于农药在环境中存在残留毒性，特别是毒性较大的农药，对环境易产生污染、破坏生态平衡。因此，化学防治要注意合理用药、节制用药，选择高效、低毒、低残留的农药来防治有害病虫。

针对樱花病虫害的化学防治，为了早预防和早治疗，冬季清园消毒和早春发芽期的化学喷药是两个关键的化学防治时期。

5.植物检疫 又称为"法规防治"，就是国家以法律手段，制定出一套的法令规定，由专门机构(检疫局、检疫站、海关等)执行，对应受检疫的植物和植物产品进行严格检查，控制有害生物传入或带出，以及在国内抓好苗木产地检疫和调运检疫，防患于未然，是用来防止有害生物传播蔓延的一项根本性措施。

✿ 第四节 樱花常用杀虫剂和杀菌剂

一、允许使用的无公害农药种类

1.生物源农药 灭瘟素、春雷霉素、多氧霉素、井冈霉素、农抗120、中生菌素、浏阳霉素和华光霉素等。

2.活体微生物农药 如蜡蚧轮枝、苏云金杆菌(Bt)和蜡质芽孢杆菌等。

3.动物源农药 如性信息素。

4.植物源农药 如除虫菊素、鱼藤酮、烟碱、植物乳油剂、大蒜素、印棟素、苦棟、川棟和芝麻素等。

5.矿物源农药 如石硫合剂、硫悬浮剂、硫酸铜、王铜、氢氧化铜和波尔多液等；矿物油乳剂、机油乳剂等。

二、常用杀虫剂和杀菌剂

1.常用杀虫剂 过去防治植物害虫的药剂主要是有机磷杀虫剂，随着一些高毒、高残留的有机磷农药被禁止使用，要求采用高效、低毒、低残留的药剂来防治害虫和害螨。

（1）机油乳剂 属于天然无机农药，通过覆盖虫体气孔使其窒息死亡，并有溶蜡效果，因此对介壳虫类有特效，还能防治一些越冬虫卵。过去使用的机油乳剂是粗制机油，仅能在休眠期喷干枝使用，现在有精制机油乳剂产品，可以在生长季节使用。

（2）拟除虫菊酯类杀虫剂　这一类农药有很多品种，均属于广谱型杀虫剂，对多种害虫如卷叶虫、椿象、叶蝉、蚜虫、介壳虫等有效，主要品种有高效氯氰菊酯、速灭杀丁、溴氰菊酯(敌杀死)、功夫、甲氰菊酯(灭扫利)等。

（3）烟碱类杀虫剂　这是一类新合成的广谱杀虫剂，具有良好的内吸胃毒作用，持效期较长，特别是对刺吸式害虫高效，常用于防治蚜虫、介壳虫、叶蝉等害虫。主要品种有吡虫啉、啶虫脒。

（4）昆虫生长调节剂　是一类以干扰昆虫生长发育和繁殖的药剂，选择性强，持效期长，对人类和天敌生物安全。常用于防治鳞翅目害虫，如卷叶蛾、食心虫等。

（5）生物杀虫剂　包括活体生物和从生物体内提取的活性物质，目前常用的如苏云金杆菌(Bt)、昆虫病原线虫、核多角体病毒、阿维菌素等。

（6）专性杀螨剂　是专门防治害螨，对害虫无效或效果低的药剂，主要品种有螨死净、尼索朗、达螨酮、三环锡、螨即死、克螨特等。

（7）性诱剂　又叫性信息素，是由性成熟雌虫分泌，用来吸引雄虫前来交配的物质。不同昆虫分泌的性信息素不同，所以具有专一性。目前人工可以合成部分昆虫的性信息素，加入到载体中做成诱芯，用于诱集同种异性昆虫，并作为害虫预测预报和防治的依据。

2.常用杀菌剂　杀菌剂根据作用效果可分为铲除剂、保护剂、治疗剂。铲除剂是指用于树体消毒的杀菌剂，常于发芽前喷干枝使用。保护剂是指阻碍病菌侵染和发病的药剂，一般在病害发生之前预防使用。治疗剂是指病菌侵染或发病后，能杀死病菌或抑制病菌生长，控制病害发生和发展的药剂。

（1）石硫合剂　是一种广谱保护性杀菌剂，一般用于休眠期清园消毒和喷干枝使用，铲除树体上的越冬病虫。

（2）多菌灵　是一种内吸性广谱杀菌剂，具有保护和治疗作用，可以防治多种真菌性病害。

（3）甲基硫菌灵　又名甲基托布津，是一种广谱型内吸杀菌剂，具有内吸、预防和治疗作用。

（4）百菌清　又名达科宁，是一种保护性广谱杀菌剂，对多种植物病害有预防作用，对侵入植物体内的病菌作用效果很小。

（5）速克灵　保护效果很好，持效期长，能阻止病斑发展，具有内吸性，耐雨水冲刷。

（6）代森锰锌　是一种广谱性触杀型保护杀菌剂，对多种病害有效。同类产品有速克净、喷克、大生等。

（7）异菌脲 又名扑海因，是一种广谱性触杀型保护杀菌剂，具有一定的治疗作用。

（8）多氧霉素 又名多抗霉素、宝丽安。是一种广谱性抗生素类杀菌剂，具有良好的内吸传导作用和治疗作用。

（9）农用链霉素 一种广谱性的生物杀菌剂，主要防治细菌性病害，如穿孔病。

（10）K84菌剂 是一种没有致病性的放射土壤杆菌，能在根部生长繁殖，并产生选择性抗生素，对控制根癌病菌有特效。属于生物保护剂，只有在病菌侵入之前使用，才能获得较好的防治效果。

三、农药使用注意事项

①禁止使用高毒、高残留农药，要严格执行国家有关农药的使用规定。

②对症下药。农药品种很多，特点不同，应选对防治对象，选用最适合的农药。对产品的标签、有效成分含量、批号、生产日期和保质期等要认真识别。

③适时用药，抓住关键点用药。如保护性杀菌剂一定要在发病前或发病初期使用。

④不要任意提高施药次数和浓度，应尽量在有效范围内用低浓度防治。

⑤为了防止病虫形成抗药性，农药要交替使用，不要长期单一使用一种农药。

⑥不要在风雨天或烈日下施用农药。刮风时喷施农药会使农药粉剂或药液飘散；雨天喷施农药，药剂易被雨水冲刷而降低药效；在烈日下喷施农药，植物代谢旺盛，叶片气孔张开，容易发生药害，同时易使药物挥发，降低防治效果。因此，应掌握最佳施药时间，一般以上午9~11时，下午3~6时为宜。

⑦喷施化学农药，要注意保护天敌，尽量避免在天敌活动盛期喷药。

⑧合理混用农药。混用后不能增加对人畜的毒性，有效成分之间不能发生化学变化，也不能增加用药成本等。农药混施应注意：由于中性药剂与中性药剂、中性药剂与酸性药剂、酸性药剂与酸性药剂之间混合后不产生有害的化学和物理变化，所以它们可放心混合施用；酸性农药不能与碱性农药混施；遇碱性物质容易分解失效的药剂，不能与碱性药剂、肥料混施；混合后对植物产生药害的农药不能混施；混合后出现乳剂破坏现象的农药剂型不能混施。

第九章

樱花欣赏与应用

❀ 第一节　樱花的园林应用与插花艺术

一、樱花在园林中的应用

樱花是蔷薇科李属春季观花树种。每当开花季节，一团团、一簇簇、一层层、一片片的樱花，美丽轻盈，堆云叠雪，蔚为壮观，把人们带进了樱的世界、花的海洋，正是"开花占得春光早，雪缀云装万萼轻"（唐·李绅）。

近几年，樱花在我国园林中的应用呈现快速上升的趋势，各景区、公园以及道路两旁、街心绿化广泛栽植樱花，同时各地樱花专类园纷纷建成，而且樱花也走进大学校园、生活小区、办公区的绿化中。

1. 建立樱花专类园　樱花专类园是以樱花为主体的花园，一般称为"樱花园"。每当樱开时节，满园樱花灿烂如霞（图9-1、图9-2）。

2. 樱花群植　除用作专类园外，樱花在景区、庭园中也可群植。三五成丛或更多群植，均可形成美丽的景观效果（图9-3）。

图9-1　樱花专类园：武汉东湖樱花园

图9-2 武汉东湖樱花园大门

图9-3 樱花群植

3.樱花对植 在关键景点处（如桥头、入口等），可选择形状较好的同一品种樱花进行对植，景观效果极佳（图9-4）。

图9-4 樱花对植

4.樱花孤植　樱花树形高大潇洒，在园林中孤植欣赏，景观效果也很突出。草坪上、雪松前及景观建筑物旁等环境，樱花孤植皆可得到良好的观赏效果（图9-5、图9-6）。

图9-5　樱花孤植（一）

图9-6　樱花孤植（二）

221

5.**樱花依塔伴亭**　我国造园大都以建筑物为主体，常言道：好楼须有好花映。樱花浪漫轻盈，掩映于亭台楼阁间，既可丰富艺术构图，又可协调周围的自然景观（图9-7至图9-10）。

图9-7　樱花依塔

图9-8　樱花伴亭（一）

图9-9　樱花伴亭（二）

图9-10　樱花伴亭（三）

6.**樱花临水点桥**　垂枝樱花枝条自然下垂，潇洒飘逸，是配植水景的重要植物之一（图9-4至图9-16）。水景是中国园林的重要组成部分，可谓无水不成景。溪流淙淙，垂樱弄影，轻点桥栏。樱花飘飞时，更是落英浮水，恍然入画。在无花的季节，条条垂枝的景致同样很美（图9-17）。除了垂枝樱，有些直枝樱临水，景观效果也相当不错（图9-18至图9-21）。

图9-11　樱花点桥（一）

图9-12　樱花点桥（二）

图9-13　樱花点桥（三）

图9-14　垂枝樱临水（一）

图9-15 垂枝樱临水（二）

图9-16 垂枝樱临水（三）

图9-17 垂枝樱临水栽植，在无花的季节，
景致同样很美

图9-18 落英浮水，堪然入画

图9-19 樱花临水（一）

图9-20　樱花临水（二）

图9-21　樱花临水（三）

　　7.景墙植樱　景墙在庭院中是不可缺少的，景墙植樱，可谓"满园春色关不住，半树樱花出墙来"。樱枝出墙，其景自出（图9-22至图9-25）。

图9-22　景墙植樱（一）

图9-23　景墙植樱（二）

　　8.樱花行道树　一些可做乔木栽培的樱花品种（如'染井吉野'、'手弱女'等）树形高大，是行道树的优良树种（图9-26）。

　　9.儿童游乐园和街心绿化种植　一些可做乔木栽培的樱花品种（如'染

225

井吉野'、'手弱女'等）树形高大，是儿童游乐园和街心绿化的优良树种（图 9-27、图9-28）。

图9-24 景墙植樱（三）

图9-25 景墙植樱（四）

图9-26 樱花行道树

图9-27 儿童游乐园栽植樱花

图9-28 武汉某街心绿地樱花

10.大学校园种植　樱花浪漫潇洒，极受莘莘学子的喜爱（图9-29）。

11.居住区和办公区种植　樱花开花繁密，生长势较强，在早春给人们带来春的气息，所以在居住区和办公区绿化中，人们多喜欢搭配几株樱花（图9-30至图9-32）。

图9-30　武汉某居住区三株晚樱群植

图9-29　武汉大学樱花

图9-31　武汉某居住区樱花

12.樱花盆景 樱花制作成盆景,别有一番韵味。武汉东湖樱花园在樱花节期间经常展出樱花盆景,受到同行和游客的好评(图9-33)。

图9-32 樱花在办公区种植

图9-33 樱花盆景('御车返')

二、樱花景观的色彩美

在园林植物造景中,色彩最引人注目,给人的感受也最深刻。樱花作为一种优秀的迎春花木,其色彩之美毋庸置疑。

樱花景观的五个主要色系是白色系、红色系、蓝色系、黄色系、绿色系,即包括园林景观中最多见的绿色和白色,以及红、黄、蓝三原色。色彩的作用多种多样,色彩赋予环境以性格:冷色创造了一个宁静的环境,暖色则给人一个喧闹的环境。在樱花景观的五个色系中,红色、黄色为暖色,象征着热烈、欢快;绿色、蓝色为冷色,象征着清凉、深远;白色为中间色,象征着纯净、安适。白色是永远流行的主要色,可以和任何颜色作搭配。红色和绿色互为补色,对比效果最强;红色和蓝色、红色和黄色、黄色和蓝色为对比色,对比效果比较强烈;黄色和绿色、蓝色和绿色为类似色,其色相为弱对比。

樱花景观的色彩不同于其他花卉,几个系列的色彩搭配起来,其景观轻盈靓丽(图9-34至9-36)。

1.白色系 樱花景观的白色系主要是指'染井吉野'樱花景观。

'染井吉野'属于中樱,是一个非常优秀的樱花品种。其花先于叶开放,初开时为粉白色,盛开时近白色。'染井吉野'樱花开时气势磅礴,灿如云霞,所以人们提起樱花大多想到的就是这种樱花。在我国和日本的樱花专类园,'染井吉野'樱花的种植数量是最多的,有的甚至达到80%。'染井吉野'樱

图9-34 白色系、红色系、蓝色系的色彩搭配景观（一）

图9-35 白色系、红色系、蓝色系的色彩搭配景观（二）

图9-36 白色系、红色系、绿色系的色彩搭配景观

花还有个非常吸引人的习性，即边开边落，落英缤纷引起了多少人的徘徊和沉思（图9-37、图9-38）。

图9-37　白色的'染井吉野'及　　　　　图9-38　樱花园落英一片
　　　　　其树下的落英

由于白色的明度最高，所以一大片白色的、先花后叶的'染井吉野'樱花盛开时，其视觉冲击力非常强烈。如果在大片白色樱花下再配植大片的蓝色或黄色地被植物（如二月兰和油菜花），那么景观的色彩冲击力更强。

2.红色系　樱花景观的红色系指的是大片红色樱花景观和衬托樱花景观而配置的红色园林小品。

（1）红色樱花景观　樱花花期分类中的早樱和晚樱品种，花色多为粉红色。早樱先花后叶，如'初美人'、'飞寒樱'、'阳光'等；晚樱多为花叶同放，如'关山'、'普贤象'等。这些品种的樱花适宜群植（或片植），给人以热情、喜悦的感受（图9-39、图9-40）。在这些红色的樱花下，也可配植大片的蓝色或黄色地被植物，红和蓝、黄和蓝的色彩对比，景观效果非常出彩。

（2）红色园林小品　为了更好地烘托樱花节气氛，我们常常在樱花景观中配置一些园林小品（图9-41至图9-44）。因为白色系的'染井吉野'为樱花景观的主体，所以我们配置的园林小品以红色系为多，如红色的冬瓜灯笼、红色的休闲伞和桌凳、红色的景观柱、标志牌和景观灯等，有些地方在樱花节期间在树上挂红伞来渲染气氛。在大片白色系的樱花中点缀这些红色的园林小品，"一点红"的色彩效果非常突出，不仅可以减轻人们的视觉疲劳，而且还给人一种新奇和色彩跳跃的感觉。

图9-39　早樱群植景观

图9-40　晚樱'关山'群植景观

图9-41　白色樱花旁布置
　　　　的红色标志牌

图9-42　白花樱花中布置粉红色的
　　　　景观灯

图9-43　白色樱花前布置红色的景观柱

231

54厘米

60厘米

250厘米

浪漫樱花

图9-44　红柱的六角宫灯在樱花中配置非常协调

3. **蓝色系**　地被植物在现代园林中所起的作用越来越重要，是园林中不可缺少的景观组成部分，无论从色彩还是从形式上均显示出它们无以替代的魅力。二月兰是樱花专类园中优秀的地被植物，不仅因为二月兰的盛花期几乎与樱花的盛花期同时，而且二月兰的色彩、姿态与樱花搭配十分和谐（图9-45）。每当樱花盛开时节，一片紫蓝色二月兰的花海衬托着白色和红色的樱花，更加浪漫多姿。

图9-45　白色'染井吉野'樱花、紫蓝色二月兰地被、红色灯笼的组合景观

4. **黄色系**　在樱花专类园内，我们可将油菜作为地被植物栽植。在武汉，油菜花期几乎与樱花花期同时，盛花时一片金黄色的油菜花衬托着一片白色或红色的樱花，红黄相映，黄白相辉，蔚为壮观（图9-46至9-48）。另外，与樱花花期同时的灌木迎春（或连翘），也是樱花专类园配置中值得推荐的优秀植物。迎春（或连翘）花为黄色，花期与樱花花期相近，大片种植也可以很好地衬托樱花景观（图9-49）。

5. **绿色系**　绿色是生命的颜色，是大自然中隽永的底色（或称"基调"），所以在樱花景观中绿色是不可缺少的。樱花专类园中应大量布置一些常绿植物，如五针松、大叶黄杨等。为了增加观赏效果，应对这些植物进行精细的修剪和养护，如将五针松进行造型，将大叶黄杨等有意识地修剪成球形（图

图9-46　白色樱花与黄色油菜花搭配，具有极强的视觉冲击力

图9-47　游客身在白色樱花与黄色油菜花之中，花深不知处

图9-48　白色'染井吉野'樱花、黄色油菜花地被、红色灯笼的组合景观

图9-49　白色'染井吉野'樱花、黄色迎春花、红色虹桥的组合景观

9-50）。樱花专类园中不要黄土露天，除草坪外还要种植一些常绿的地被植物，如麦冬、吉祥草等，这样才能更好地发挥绿色"基调"的作用。绿色也是其他景观色系之间的调和色，如在白色系和黄色系中搭配一些绿色，可以使景观画面色彩更为协调（图9-51）。另外，樱花专类园建园选址时应考虑大的绿色背景，例如武汉东湖樱花园建在磨山南麓，青翠的磨山就成为东湖樱花园天然的绿色背景（图9-52、图9-53）。

　　6.樱花细部的色彩美　樱花集中片植能产生色块的整体效果，以上五个色系是樱花景观表现出的整体色块，其实樱花也具有细部的色彩美，即有些樱花品种的花色和叶色极具特色，具有较高的观赏价值，如绿樱（图9-54）、变色樱（图9-55）、瓣色不匀樱（图9-56）等。樱花专类园中应适当点缀一些这样的樱花品种，以增加樱花的观赏性和趣味性。

图9-50　武汉东湖樱花园中配植的常绿　　图9-51　在白色系和黄色系中搭配一些绿色，
球形植物　　　　　　　　　　　　　　　　可使景观画面色彩更协调

图9-52　青翠的磨山成为东湖樱花园天然的绿色背景（一）

图9-53　青翠的磨山成为东湖樱花园天然的绿色背景（二）

图9-54 绿樱：'郁金'

图9-55 变色樱：'变大岛'

图9-56 瓣色不匀樱：'雏菊樱'

三、樱花的插花艺术

自古我国就有梅花插花欣赏的习俗，如宋代陆游作有"瓶里梅花夜来香"的诗句。其实樱花插花艺术效果也较好（图9-57至图9-61）。

图9-57 樱花切花（材料：'关山'樱、垂丝海棠、天门冬、满天星）

图9-58 樱花切花（材料：'染井吉野'樱、'八重红枝垂'樱、垂丝海棠、天门冬、人物配件）

235

图9-59 樱花切花（材料：'染井吉野'樱、'阳光'樱、迎春、小黄菊、天门冬）

图9-60 樱花切花（材料：'仙台屋'樱、小黄菊、天门冬）

图9-61 科普茶室中樱花插花布置（2016年武汉东湖樱花节）

　　樱花插花，不同的品种有不同的韵味。樱花有红、白、绿几种颜色，可一色单插，也可几色合插，但应以一色为主，以免纷杂。插樱时也可适当配些天门冬、文竹、小黄菊、满天星等配材，以调和色彩与层次。但垂枝樱最好独立插瓶，不要配材，这样更能体现出垂枝韵味（图9-62）。

　　樱花剪枝插花，其观赏时间并不短，一般有10天左右，气温低的话观赏时间还可以延长。不仅如此，樱花剪枝后，即使没有及时插瓶造成花枝暂时打蔫，也可将花枝用水湿润后插瓶，同样能让其恢复生机。樱花插花还可以在室内欣赏其开花及萌芽的全进程（图9-63）。

　　樱花插花制作，常用的有花瓶式插樱和盆景式插樱两种方式（图9-64）。

图9-62　垂枝樱插瓶不应有其他植物配材

2016年3月10日　　　　　　　2016年3月22日

图9-63　樱花插花的开花进程（品种：'八重红枝垂'）

图9-64　盆景式插樱（左）与花瓶式插樱（右）

1.花瓶式插樱　樱花插瓶，花瓶以深色、素净者为佳，忌用华丽色艳的花瓶，以免喧宾夺主。如瓶口太大而花枝摆动，可剪几根短枝架设在瓶口，也可将花枝基部的中间切开，使它能夹住瓶内的小横木，以固定花枝。如花瓶较轻不易立稳，瓶中可投石块等，以防倒伏。

2.盆景式插樱　盆景式插樱的器皿，一种是浅身阔口的水盆器皿，另一种是用以制作小型写意盆景的观赏浅盆。用水盆器皿或浅盆插樱，樱花花枝应用插花泥进行固定，插器中可点缀一些卵石或小景石起陪衬作用。

❀ 第二节　樱花专类园中的植物配置

一、适宜樱花专类园配植的观赏植物

为了展现更好的景观效果，达到四季观赏的目的，樱花专类园内必须进行园林植物配置。适宜樱花专类园配植的观赏植物如下。

1.樱花时节的衬托植物　樱花的花期一般在3、4月份（武汉）。樱花时节我们不仅想在樱花专类园内欣赏到千姿百态的樱花，而且还想欣赏到一些与樱花花期一致的观赏植物。与樱花花期一致的观赏植物不仅能起到衬托和点缀的作用，而且还能在早、中、晚樱花品种间起到衔接作用。在樱花专类园植物配置中，樱花与衬托植物的数量比例以15：1为宜。衬托植物数量不宜

过多，以免喧宾夺主。在武汉，花期与樱花同时的观花树木有白玉兰（图9-65）、紫玉兰（图9-66）、棠梨（图9-67）、碧桃、垂枝碧桃（图9-68）、菊花桃（图9-69）、垂丝海棠（图9-70）、湖北海棠（图9-71）、西府海棠、紫荆、红檵木（图9-72）、迎春、珍珠绣线菊（图9-73）等。在这几种观花树木中，垂丝海棠、迎春、珍珠绣线菊在武汉东湖樱花园中栽植得最多，与樱花搭配的景观效果也最好（图9-74至图9-76）。另外，樱花花期正值红枫发芽长叶期，所以红枫也是樱花专类园的优良配置植物，春季樱花与红叶交相辉映（图9-77），秋季红枫的红叶与樱花的红、黄叶相

图9-65　白玉兰

得益彰。樱花专类园中当然不能缺少大乔木，如可适当点缀几组樟树、雪松（图9-78）、柏树等，而且常绿树木可作为樱花的天然屏障（图9-79）。

图9-66　樱花园中配植的紫玉兰

图9-67 棠 梨

图9-68 樱花园中配植的垂枝碧桃

图9-69　菊花桃

图9-70　垂丝海棠

图9-71　湖北海棠

图9-72　樱花园中配植的红檵木

图9-73　珍珠绣线菊（别名：珍珠花、喷雪花）

图9-74　垂丝海棠与樱花配植

图9-75　樱花园中配植的迎春花

图9-76　樱花园中配植的珍珠绣线菊

图9-77　樱花与红枫的红叶交相辉映　　　图9-78　樱花园中配植的雪松

图9-79　常绿树木是樱花的天然屏障

2.樱花专类园四季景观植物　一个优秀的樱花专类园，应达到以樱花为主且四季有景的景观要求。在四季有景的樱花专类园里，我们可以在早春欣赏到梅花的疏影，白玉兰的高洁，红叶李的雅致；夏季欣赏到栀子花的冰清，紫薇花的热情；秋季欣赏到桂花的清香，香橼的丰果；冬季欣赏到蜡梅的傲雪，南天竹的潇洒。

为了充实樱花专类园的冬季景观，应在樱花专类园内布置一些常绿的景观植物，如五针松、杜鹃、大叶黄杨、海桐、红檵木、凤尾竹等。樱花在日本种植较多，是日本的国花，我们可以在樱花专类园内布置一处日本风格的景致，将五针松进行造型（图9-80），把杜鹃、大叶黄杨、海桐、红檵木、凤尾竹等有意识地修剪成球形（图9-81），让人们能在樱花时节体会一下异国风情。

图9-80　樱花园中配植的造型五针松

图9-81　樱花园中常绿的球形植物

3.樱花专类园水景植物　园林离不开水景，樱花专类园也是如此，或溪流、或水池，因地制宜。溪流、水池边除种植一些垂枝樱外，还应配置一些经过整形的小型常绿植物、花灌木以及点缀一些宿根花卉和水生植物，以丰富水景效果。

二、适宜樱花专类园配置的地被植物

1.适宜的地被植物种类　地被植物是园林中的功能植物，在现代园林中所起的作用越来越重要，成为园林中不可缺少的景观组成部分，从色彩、形式和质地均显示出它们无以取代的魅力。

地被植物种类繁多，有草本类、灌木类、藤本类、蕨类、竹类等。草本类地被植物主要以观花、观叶为主。经过我们几年的应用和观察，发现二月兰、油菜、红花酢浆草（图9-82）、白三叶（图9-83）、丛生福禄考（图9-84、图9-85）这五种草本类地被植物，无论从观赏角度还是生态习性，以及从与樱花和谐搭配的角度上，均较适宜樱花园栽植。其中，二月兰和油菜花在樱花园中作为地被植物最为合适。它们可以单独片植，也可两者搭配片植（图9-86）。

图9-82 樱花园中红花酢浆草地被

图9-83 樱花园中白三叶地被　　　　图9-84 丛生福禄考（又名：知樱草）

图9-85 樱花园中丛生福禄考地被

图9-86　二月兰与油菜花搭配片植

（1）二月兰　又名诸葛菜、二月蓝等，属十字花科诸葛菜属一、二年生草本花卉。原产我国东北、华北。

二月兰茎直立，株高30～50厘米。叶片形状变异较大，基部叶片近圆形，枝干下部叶呈羽状分裂，顶部及侧生叶呈肾状或近卵形。总状花序顶生，花紫蓝色，花瓣4枚，十字排列（图9-87）。早春3～5月开花。角果长条形，5～6月成熟。种子褐色，卵状，略不规则形。由于种子成熟后自然开裂，故应及时采收。

二月兰繁殖方式以播种为主，9月左右直播，播种量约1克/米²（图9-88）。有时也可结合间苗进行移栽，成活率也较高。二月兰具有较强的自播能力，一次播种，以后能自成群落。

二月兰是樱花园优秀的地被植物，这是因为：①二月兰作为地被植物优点很多：耐寒性强，四季常绿；比较耐阴，覆盖效果良好；适生性强，对土壤要求不严；花期长，紫色花从下到上陆续开放。②二月兰的盛花期几乎与樱

图9-87 二月兰

图9-88 二月兰播种发芽状

花的盛花期同时，而且二月兰的色彩、姿态与樱花搭配十分和谐。樱花盛开时节，一片紫蓝色花海衬托着樱花更加浪漫（图9-89、图9-90）。

图9-89 樱花盛开时节，一片紫蓝色花海衬托着樱花更加浪漫

图9-90 樱花盛开时节，二月兰地被似一层紫蓝色的地毯

（2）油菜 十字花科一年生草本植物。油菜是我国一种重要的农作物，其种子（油菜籽）是重要的食用油原料。

在武汉樱花园内，我们可将油菜作为地被植物栽植，盛花时一片金黄色的油菜花衬托着一片白色或红色的浪漫樱花，红黄、黄白相映，景象壮观（图9-91）。而且，在樱花未开时，盛开的油菜花也可自成一景（图9-92）。

图9-91 白色樱花与黄色油菜花搭配的视觉冲击力

图9-92 樱花未开时，盛开的油菜花自成一景

油菜种植较简单，在樱花园的播种时间一般在10月左右（图9-93），或与二月兰同时播种。

（3）红花酢浆草 酢浆草科的多年生草本植物。株高15～25厘米，具有极强的分生能力，有多数小鳞茎，鳞片褐色，有纵棱。叶基生，具长柄，有毛，小叶3枚，组成掌状复叶，倒心脏形，顶端凹陷，有橙黄色泡状斑点。花玫瑰红色，数朵组成复伞形花序。花瓣狭长，顶端钝。花萼5

图9-93 秋季，樱花园内播种油菜花

枚，呈覆瓦回旋状排列。红花酢浆草的花、叶对光有敏感性，白天和晴天开放，晚上及阴雨天闭合。

红花酢浆草原产巴西，喜阴湿环境，要求排水良好、富含腐殖质的沙壤土。分株繁殖或播种繁殖均可，以分株繁殖为主。

在栽培管理上红花酢浆草具有很大的优势：①对土壤条件要求不严，繁殖方法简单易行，见效快。②栽植简便，土地平整后，经过耙平即可铺栽。一般在春季栽植，可满铺，也可散铺。③不用修剪。一般草皮生长到一定高度，必须用机器进行修剪，而红花酢浆草却不用修剪。④除草工作量少。红花酢浆草生命力强，地被形成后，杂草很少。

红花酢浆草是樱花园优秀的地被植物，虽然它的花期与樱花不同时，但是在樱花时节，其淡绿的叶片可作为樱花的良好衬托，而且其起球的馒头形煞是可爱。

（4）白三叶草　豆科多年生草本植物。茎长30～60厘米，匍匐生长，茎节着地生根，并长出新的匍匐茎，形成密集的地被层。叶柄细长直立，三出复叶，小叶倒卵形或倒心脏形，中央有V形白斑。头状花序，由30～40朵白色小花组成，总花梗细长，高出叶面。生长适应性较强，耐热、耐寒、耐潮湿、耐郁蔽，在我国各类土壤中均生长良好。

白三叶草宜在春、秋季节进行播种繁殖，播种量1～2.5克/米^2，播种深度1～1.5厘米。由于种子细小，播种时可先掺混部分沙土，然后再散播。播种一次后，可多年免耕。

白三叶草在樱花园中栽植具有以下优点：①生长期长，控制杂草能力强。②生长快，再生能力强。③吸水保墒能力强。④可提高土壤肥力。白三叶草属豆科植物，根部具有发达的根瘤菌，可大量固定空气中的氮素。

白三叶草也是樱花园优秀的地被植物，在樱花时节，其深绿叶片在樱花时节显得生机勃勃。

（5）丛生福禄考　花葱科福禄考属多年生常绿草本花卉。喜日照充足、干燥的场所，可栽植于花坛、石壁、草坪等处。茎具匍匐性，分枝很多，根自各茎节中长出，株高10厘米左右。小花密生于茎顶，花径1.2～1.8厘米。花色有深桃红、粉红及白等。

丛生福禄考栽植简单，耐旱、耐寒、耐盐碱土壤。其繁殖方法以扦插和分株为主。扦插繁殖可在5～7月进行，分株繁殖可在春、秋季节进行。

由于丛生福禄考的花期与樱花一致，所以在日本又被称为芝樱草。日本丛生福禄考应用较多，几乎与樱花齐名。但是在武汉的气候条件下，丛生福禄考在适应性和管理粗放程度上均比不上二月兰，故我们在樱花园内栽植丛生福禄考地被的面积不大。

2.油菜、二月兰地被植物可作为樱花园绿肥　樱花园中油菜、二月兰观赏地被植物，也可作为绿肥使用，可谓一植两用。绿肥使用时，注意油菜、二月兰花谢时应立即翻耕入土，不可等到结荚后进行。

绿肥是一种省工、成本低、见效快、肥效高的有机肥料。樱花园种植绿肥的优点有：①绿色体营养丰富，含有氮、磷、钾和其他营养元素。②种植绿肥可覆盖地面，调节地温，减少蒸发，防止土壤板结。③种植绿肥可控制杂草，防风固沙，保持水土。④种植绿肥可增加土壤有机质，促进微生物活动，提高土壤肥力，改善土壤结构和理化性质，增加土质疏松、通气、保水保肥能力。

3.樱花专类园中大面积种植油菜、二月兰的方法　油菜、二月兰在整个冬季均能保持青翠的绿色，非常适宜作樱花园中搭配樱花景观的地被植物。在樱花园中，油菜、二月兰适宜大面积种植，以观赏其群植胜景。油菜、二月兰耐寒性较强，在肥沃、湿润、阳光充足的环境下生长健壮。对土壤要求不严，一般园土均能生长。下面将庭园中大面积种植油菜、二月兰的方法简单介绍如下。

（1）播种前应先将种植的地块进行浅翻，清除其内的杂草、瓦片碎石等，将土壤耙细后即可进行播种（图9-94）。

（2）9月左右播种。油菜、二月兰直接撒播即可。播种后应注意浇水，保持土壤湿润。

（3）播种苗长到15厘米左右时，可将密集苗进行间苗处理（图9-95）。可利用间苗进行移栽，来扩

图9-94　将土壤耙细后即可进行播种

大种植面积，移栽前应将栽植地进行浅翻整理。只要不是在太寒冷的季节移栽，成活率都很高（图9-96），移栽苗开花情况也较好（图9-97）。

图9-95　将密集苗进行间苗处理

图9-96　二月兰移栽

图9-97　二月兰移栽苗开花初期

（4）油菜、二月兰不仅种植较简单，管理也较粗放，不需精细的管理也能花开一片。

（5）收种。由于油菜、二月兰种子成熟后会自然开裂，故应及时采收。5月上旬（武汉），将结籽的油菜、二月兰茎秆用镰刀割回（图9-98），进行摊晒（图9-99），然后将种子打出（图9-100），干藏留待秋季播种。如果作绿肥使用则不留种，花谢后立即翻耕入土，秋季再购买种子进行播种。

图9-98　将结籽的油菜和二月兰茎秆用镰刀割回

由于二月兰具有自播能力，所以一次播种后，如土壤合适就能自成群落。但对于景区内践踏较严重的地方，还是需要每年进行播种或移栽种植。二月兰具有覆盖效果好、冬季绿叶青翠、较耐阴的特点以及早春花开成片、花期与樱花花期同时的特性，所以近几年二月兰成为了武汉东湖樱花园首选的草本类观花地被植物。

图9-99　将结籽的油菜和二月兰茎秆进行摊晒

图9-100　将油菜和二月兰的种子打出

三、樱花夹道景观的营造

在樱花园林应用中，樱花夹道景观十分优美。花开时节，人们徜徉在樱花大道之下，浪漫之极。不仅如此，樱花飘零时，用落英点缀的樱花大道则又是一番景致（图9-101、图9-102）。

国内外有许多著名的樱花夹道景观，如日本的"千鸟渊樱道"及"二十间道路"等，我国武汉东湖樱花园、昆明圆通山、无锡鼋头渚景区长春桥等也都营造了樱花夹道景观。下面笔者谈谈樱花夹道景观的营造方法。

图9-102　'关山'夹道的落英景观（武汉东湖樱花园）

图9-101　'染井吉野'夹道的落英景观（武汉东湖樱花园）

　　首先，应选择品种。樱花品种极其丰富，但并不是所有的品种都适合营造樱花夹道景观。适合营造樱花夹道景观的品种应具有以下特性：①着花率高，开花繁密。②生长健壮，树形开张。经过各地樱花夹道成功案例的比较，目前樱花夹道景观应用较多的品种有三个，即'染井吉野'、'八重红枝垂'、'关山'。这三个品种（图9-103）均具有着花率高、开花繁密、生长健壮、树形开张的优点，是营造樱花夹道景观的优良品种。

　　'染井吉野'小枝多斜生，树形开张健壮，生长迅速，作行道树栽培极易形成樱花夹道景观。所以适合于布置道路宽广、路线长的樱花夹道景观，有气势磅礴之势（图9-104）。'染井吉野'种植后，一般10年左右就能形成初步的樱花夹道景观，以后景观日益完善，最后可达到"樱花隧道"的景观（图9-105）。花开时节，抬头仰望，不见天日。

'染井吉野'　　　　　　'八重红枝垂'　　　　　　'关山'

图9-103　适合营造夹道景观的樱花品种

图9-104 '染井吉野'夹道景观（武汉东湖樱花园）

图9-105 "樱花隧道"景观

　　'八重红枝垂'为垂枝樱品种，其垂枝开张潇洒，在园景小道随心点缀几处夹道景观，条条下垂花枝，柔美异常（图9-106）。垂枝樱花比较耐修剪，作为夹道景观的垂枝樱花，每年在修剪时应有意识地保持和完善其夹道景观。由于'八重红枝垂'和'染井吉野'的花期较为接近，我们也可将这两个品种组合营造樱花夹道景观，它们的枝条一斜一垂，颇有韵味（图9-107）。

图9-106　'八重红枝垂'夹道景观（武汉东湖樱花园）　　图9-107　'八重红枝垂'和'染井吉野'形成的夹道景观（武汉东湖樱花园）

'关山'樱的枝干向外延伸生长较长，进行简单牵引和攀扎后并不影响其着花率（图9-108），所以此品种也比较适合营造樱花夹道景观。它既可以在园路随处点缀几段夹道景观（图9-109），又可以营造一长段道路的樱花夹道景观（图9-110）。

图9-108　'关山'经过简单牵引和攀扎后形成的夹道景观（武汉理工大学）

图9-110　'关山'营造的一段樱花夹道景观（武汉东湖樱花园）

图9-109　'关山'在园路上点缀一处夹道景观（武汉东湖樱花园）

🌸 第三节　不同季节樱花景观

众人皆知樱花花期的景观大气磅礴，其实长叶期和休眠期的樱花也有不错的景观。长叶期可以看到绿树成荫、生机勃勃的景象，休眠期则可欣赏到其树形的骨干美。而雪天赏樱更是别有情趣。见图9-111至图9-118。

2015年10月27日　　　　　　　　　　　2016年3月10日

图9-111　'染井吉野'樱花休眠期和开花期景观对比（一）

2015年11月9日　　　　　　　　　　　2016年3月10日

图9-112　'染井吉野'樱花休眠期和开花期景观对比（二）

2015年11月9日　　　　　　　　　　　2016年3月7日

图9-113　樱花休眠期和开花期景观对比

2015年10月27日　　　　　　　　　　　2016年3月10日

图9-114　'阳光'和'染井吉野'休眠期和开花期景观对比

2015年11月9日

2016年3月10日

图9-115　'飞寒樱'、'染井吉野'和'内里樱'休眠期和开花期景观对比

257

图9-116　樱花长叶期和开花期景观对比

图9-117　早樱景观

图9-118　樱花雪景（品种：'云南早樱'）

🌸 第四节　樱花节

世界上有很多国家的植物园种有樱花。除中国和日本外，其他的还有英国伦敦的皇家植物园、德国汉堡的天姆树木园、美国波士顿的阿诺德树木园等。加拿大的温哥华和多伦多也种植有很多樱花。

一、中国各地的樱花节

我国可以看樱花的地方较多。据不完全统计，近几年来我国每年各地举行的樱花节，具有一定规模的有近30个。这些赏樱之地最南的在广州，最北的在北京，最东的在昆明，最西的在宁波。如武汉的东湖樱花园和武汉大学（图9-119）、无锡鼋头渚景区（图9-120、图9-121）、北京玉渊潭公园、聊城姜堤乐园、青岛中山公园、济南五龙潭公园、旅顺龙王塘水库公园、南京玄武湖和中山陵、杭州太子湾（图9-122）、苏州上方山国家森林公园、昆明圆通山、

图9-119　武汉大学的樱花

图9-120　无锡鼋头渚景区的樱花（一）

图9-121　无锡鼋头渚景区的樱花（二）

图9-122　杭州太子湾的樱花

成都市植物园、四川绵阳千佛风景名胜区、河南信阳鸡公山樱花区、湖南省森林植物园、株洲市石峰公园、江西上饶县信江樱花公园及南昌县黄马乡、西安交通大学、西安青龙寺、广州雕塑公园、广州南沙区新垦镇百万葵园、徐州彭祖园、绍兴宛委山、宁波四明山杖锡村、台湾阿里山樱花等。

赏樱景点形式多样，或建成樱花专类园，或自成为景区一景，或遍植于校园，或栽植于寺庙中等。

1.樱花专类园举办樱花节　樱花专类园，一般称为"樱花园"，每当樱花开放时节，满园樱花灿烂如霞。樱花专类园举行的樱花节气势大，主题性强。我国樱花专类园有武汉东湖樱花园、旅顺新樱花园、江西上饶县信江樱花公园、山东聊城市中日友好樱花园等，这些樱花专类园相继建成后，几乎每年举办樱花节。

2.风景区、公园或植物园举办樱花节　在风景区、公园或植物园里广种樱花，樱花景观形成后就可以举办樱花节。风景区、公园或植物园举办樱花节景观丰富，因为游客不仅能欣赏樱花景观，还可领略到别的景致。如无锡鼋头渚景区、北京玉渊潭公园、苏州上方山国家森林公园、湖南省森林植物园、济南五龙潭公园、广州雕塑公园、湖南株洲石峰公园、青岛中山公园等均举办了樱花节。

3.大学校园举办樱花节　樱花浪漫潇洒，极受广大学子的喜爱。大学校园内栽植樱花，既可美化校园，又可举办樱花节对市民开放。如武汉大学、西安交通大学等校园均举办樱花节对市民开放。

4.苗圃之乡举办樱花节　樱花品种丰富，着花容易，在苗圃地培养时也可开花。如果苗圃地樱花很多，且圃地周边环境较好，可以考虑将樱花苗圃地整合成樱花观赏区，这是苗圃地园林提升的一种多快好省的途径。

5.工业生态园举办樱花节　我国有许多企业建有工业生态园，如生态园种植的樱花具有一定规模，也可举办樱花节。

6.寺庙举办樱花节　如西安青龙寺的庭院里种植了近千株樱花，这里每年4月前后均举办樱花节。

7.房地产开发的生态公园举办樱花节　我国有些房地产项目在开发楼盘时，规划阶段就注重城市建筑与自然园林的相互融合，有的生态公园种植的樱花具有一定规模，也举办过樱花节。

二、日本樱花节

日本是狭长的岛国，南北气候差异很大，樱花由温暖的日本列岛南端向北方依次开放。1月中旬，北海道还是冰封雪飘，冲绳岛的'寒绯樱'就已经破绽怒放了；而到5月中下旬，其他地方的樱花已谢尽，而北海道的'包尾大幡'樱花才开放。日本气象厅（2010年起转交由日本几个民间机构预测）以各个地区的标志樱（南部为'寒绯樱'，中部为'染井吉野'）为对象跟踪观测各地的开花日期，日本人称此为"樱前线"（图9-123）。所谓"樱前线"，就是借用气象学用语，将开花日相同的地点连接成一条类似气压前线的"樱前线"，以预测樱花的开花日期。可以说，这已成为日本人春游赏樱活动不可缺少的信息指数。"樱前线"一

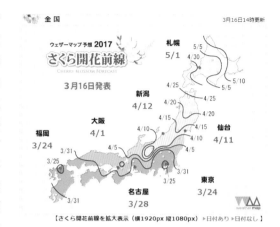

图9-123 日本樱前线（引自 http://sakura.weathermap.jp/）

般是从南向北，从海岸向内陆，从低地向山区依次推进。樱花开放状态大致分为"蓓蕾、初开、五分开、七分开、满开、开始凋落和开闭"7个阶段。这些都是日本人"花见"活动中不可缺少的信息。

在日本，从1月到5月均可以看到樱花，而日本樱花节的时间一般是3月中旬至4月中旬。樱花节在日本颇似我国的春游，每当樱花盛开，举国若狂，盛况空前，邀亲朋好友，围坐樱花树下，赏花饮酒，载歌载舞，"除看樱花不算春"，这种民风民俗相传已久。

三、樱花节园林气氛的营造

园林气氛布置其实也是一种园林空间展示艺术，能给人以视觉冲击，令人过目不忘。

武汉东湖樱花园在举行樱花节期间，为了达到良好的景观和宣传效果，每年均进行了园林气氛布置。下面介绍一些樱花节园林气氛营造的形式与方法。

（1）布幡 布幡是一种简单经济的园林气氛布置形式。武汉东湖樱花园樱花节期间制作布幡有两种形式。一种设在樱花园大门外附近的主干道上，起宣传和引导路线的作用，布幡数量一般15个左右，间距15米（图9-124）；另一种布幡设置在樱花园周边各条公路的灯柱上，数量200～300个，主要起宣传作用，提醒市民樱花开了，我们正在举办樱花节，欢迎市民前来赏樱（图9-125）。

过去我们制作宣传布幡采用的材料是防水布，现在则多采用电脑喷绘制作。喷绘布幡与传统的防水布布幡相比，不仅经济美观，规格统一，而且图案更加丰富，景观效果更好。

图9-124 布幡一 （15个左右）

图9-125 布幡二（200~300个）

（2）招贴画　招贴画是比较大的室外宣传画，多用电脑喷绘制成（图9-126）。每年，武汉东湖樱花园樱花节期间一般制作3块招贴画，分别设置在磨山景区一号大门、二号大门和三号大门外，提醒前来磨山景区游玩的客人可到樱花园转转。

（3）樱花园门口布置　武汉东湖樱花园门口是一个较为开敞的方形广场，每年樱花节都将这里作为气氛布置的重点。我们采用对称布置的形式，由4个方柱、2个泡沫雕制的娃娃、2个挂屏以及时令草花等布置而成（图9-127）。方柱上贴有写真和电脑刻字等作为宣传，以达到烘托环境、渲染气氛及突出樱花节主题的作用。

（4）风车　景观风车在园林气氛布置中常常有很好的景观效果。风车形

图9-126　招贴画

图9-127　樱花园门口气氛布置

式多样，武汉东湖樱花园樱花节期间用过4种不同形式的风车来渲染气氛，制作的景观风车颜色明丽，均可迎风旋转（图9-128）。这些风车在樱花花海中进行色彩的跳跃和协调，在樱花环境中非常出彩。

图9-128 风 车

（5）红伞和红凳 红伞和红凳是樱花景观的绝好搭配，一片粉白中点缀几组亮红的伞、凳，其景自出，而且红伞和红凳还可作为游客休息的场所（图9-129）。

图9-129 红伞与红凳

265

（6）花架　武汉东湖樱花节布置的花架是依据垂枝樱花的造型制作而成。樱花花架设置于樱花花海中，美丽异常，来这里取景照相的人极多，有游客将其拍照发于网上，有一些游客专程是寻它而来（图9-130）。

（7）樱帘　樱帘在日本称为暖帘。武汉东湖樱花节布置的樱帘由亮粉的防水布制成，其上印"樱"字样，数量2个，布置于樱花园大门前樱馆和门票房的窗外，樱馆和门票房在樱花园大门前相对布置，两个相对的樱帘随风飘动，非常醒目（图9-131）。

图9-130　花　架　　　　　　　　　图9-131　樱　帘

（8）木偶娃娃　泡沫雕制小品有很好的渲染气氛效果，其造型较多，如花瓣造型、花架造型、动物造型、水果造型、木偶娃娃造型等。泡沫雕制成型后，应进行批灰，再用丙烯颜料上色。武汉东湖樱花园樱花节期间常用泡沫雕制具有日本风情的木偶娃娃进行配景，木偶娃娃造型有趣，颜色亮丽，引得许多游客驻足欣赏（图9-132）。

（9）樱花科普介绍牌　配合樱花节，我们每年都制作一些形态各异的樱花科普介绍牌，形状有矩形、圆形、樱花瓣形、蝴蝶形等，向游客介绍多姿多彩的樱花品种和樱花的一些科普知识（图9-133）。用夹板做成各种形状，其上粘贴写真。

图9-132　木偶娃娃

图9-133　樱花科普介绍牌

（10）红灯笼　在樱花节期间我们在樱花道以及景区内通往樱花园的道路上布置一些红色冬瓜灯笼，灯笼上用毛笔写上"樱"字样（图9-134至图9-136）。红灯笼渲染园林气氛作用很强。

图9-134　观赏柱和红灯笼

图9-135　通往樱花园道路上的红灯笼　　　　图9-136　樱花园内的红灯笼

（11）绘画墙　用丙烯颜料在白色墙上画上樱花图案，既可渲染气氛，又可起到很好的装饰作用（图9-137）。绘制一次可以展览好几年。

（12）指路牌　在樱花节期间可以制作各式各样的指路牌，指路牌的样式和颜色搭配要与樱花环境相协调（图9-138）。

（13）商亭　商亭是樱花园的商业网点，为了让商亭的设置不破坏樱花景观，我们对商亭进行了统一的设计，使它们不仅不影响周围的景观环境，而且也可为樱花景观增色（图9-139、图9-140）。

（14）舞台　为渲染节日气氛，樱花节期间经常表演一些与樱花有关的歌舞节目，在樱花景观中搭设舞台，也应注意与环境相协调（图9-141、图9-142）。

图9-137　绘画墙

图9-139　商亭（2008年武汉东湖樱花节）

图9-138　指路牌

图9-140　商亭（2014年武汉东湖樱花节）

图9-141　舞台（2015年武汉东湖樱花节）

图9-142　舞台（2016年武汉东湖樱花节）

四、夜间赏樱

夜间赏樱活动最早始于日本，现在我国各地的樱花节也纷纷推出此项活动。自2005年樱花节开始，武汉东湖樱花园在每年的樱花节期间均举办夜间赏樱的活动（图9-143）。夜间赏樱能带给游客不一样的感受，从门票收入来看，夜间赏樱活动越来越受到游客的喜爱。

白天赏樱灿如云霞、落英缤纷；夜间赏樱，流光溢彩、如梦如幻（图9-144）。武汉东湖樱花园樱花节期间采用的是节能冷光源，和谐环保，在樱花树下配置了各种卤灯、水下全彩

图9-143　武汉东湖樱花园夜间赏樱活动

LED灯和梦幻流樱灯，绚丽的彩灯烘托出满树的花影，灿烂中又富神秘感，使游客在花前月下感受樱花烂漫的情怀，景致美轮美奂。

近年来，我国推出了一些夜间赏花活动，如夜间赏梅、夜间赏菊、夜间赏杜鹃等，但总的来说均没有夜间赏樱的气势大、效果好。

图9-144　夜间赏樱景观（武汉东湖樱花园）

🌸 第五节　中国梅花与日本樱花

　　梅花是中国的传统名花，其傲雪凌霜、独步早春、坚贞不屈的精神深得我国人民喜爱。自古至今，许多豪杰志士以梅花精神自励，修身自好。蒋纬国先生撰写的《梅花精神》，对梅花精神作了十分系统的论述，有一定的代表性。他总结的十种梅花精神是：

　　①先木而春，含苞吐芬，具领袖群伦精神。

　　②花先于叶，傲然挺立，具自立自强精神。

　　③花不朝天，栉比倾生，具维护道统精神。

　　④暗香扑鼻，清幽宜人，具雅逸坚贞精神。

　　⑤傲霜励雪，寒而愈香，具坚忍不拔精神。

　　⑥疏影横斜，错落有致，具互助团结精神。

　　⑦千年不朽，愈久愈发，具老而弥坚精神。

　　⑧枯木能春，生机益然，具不屈不挠精神。

　　⑨合木人母，表梅哲性，具文化基本精神。

　　⑩我爱梅花，更爱中华，具民族统一精神。

日本素有"樱花之国"之称，樱花是日本人民的骄傲。樱花开时热烈、落时缤纷，短暂的绚烂之后便随即结束生命的"壮烈"精神深受日本人民喜爱。他们认为樱花具有高雅、刚劲、清秀、质朴和独立的精神，是勤劳、勇敢、智慧的象征。樱花在日本得到广泛重视，与富士山一样，成为日本的象征。日本人民如此喜爱樱花，究其原因有以下几个主要方面：

①符合日本人的审美意识。樱花匆匆开放，又匆匆凋谢，日本人被樱花这种"轰轰烈烈地来，从从容容地去"的壮观场面深深吸引，这种短暂的绚烂与他们崇尚的"武士道"精神极为相似，"花属樱花，人惟武士"是日本流传着的一种说法，"欲问大和魂，朝阳底下看山樱"是象征日本大和民族灵魂的一句箴言。

②体现了日本人的集体意识。一朵樱花微不足道，满树樱花就蔚为壮观，群集樱花反映出了"一双筷子容易断，十双筷子断就难"的集体主义精神。

③暗合农时令节。日本人将樱花尊为国花，认为樱花是神的化身。神依裹在花瓣之中，随着花瓣绽开，又乘着花朵凋谢，漂浮到四面八方，传递着幸福。飘到田间将预示来年稻米丰收，落到屋檐则保佑家人和美兴旺。同时，也有另外一种说法，自古以来，日本人认为樱花开放时播种稻子能保证丰收，因为樱花盛开时平均气温达到12℃左右，水温升高，不必担心冷空气的袭击。也就是说，樱花开放时节正是水稻种植的开始。

④报春使者。日本人将樱花看作是春天的化身，日语中的"樱时"（古语），意思就是"春天的时节"。每当春天来临，人们最关注的就是樱花一年一度的花开花落。樱花是否开花顺利在古代日本人看来，意味着这一年是否风调雨顺、五谷丰登。所以每当樱花时节，人们就聚集在樱花树下，放歌畅饮，用整个身心去赞美春天，祈祷神灵的保佑。

第六节　樱花的其他应用

1.食用价值

（1）樱花的食用　樱花的食用价值在日本有所利用，但在我国利用不多。樱花中'关山'、'大岛'、'上水樱'等品种可以食用。

'关山'樱可制成樱花渍物、樱花酒、樱花茶（图9-145）、樱花汤、樱花丸子等，它是日本最常食用的樱花品种。用'关山'的花瓣制作的樱花汤，在日本结婚大喜日子

图9-145　樱花茶

里多用。在樱花节期间，武汉东湖樱花园曾将‘关山’樱的花瓣干化制成樱花茶，供游客饮用；有时与其他单位合作，在樱花节期间也有樱花小食品出售，如樱花蛋糕、樱花蛋挞、樱花蛋卷、樱花三明治等（图9-146）。

图9-146　樱花小食品

‘大岛’樱的幼叶可以制成樱饼、樱花糕等食物，其叶在日本也可用作食品的包装材料。

‘上水樱’的果实用盐腌后可食用。

（2）樱桃的食用　樱桃成熟期早，有"早春第一果"的美誉，号称"百果第一枝"。樱桃的食用价值早在2 000多年前就已为人知，我国考古工作者曾在商代和战国时期的古墓中发掘出樱桃的种子。

樱桃果实除鲜食外，还可以酿酒、制酱、制汁、制罐等。

鲜食：鲜食樱桃要洗净，不要在水里泡太久。新鲜樱桃也可用来制作沙拉、冰激凌和酸奶等食用。

樱桃酒：取新鲜樱桃500克，洗净置于坛中，加1 000毫升米酒浸泡，密封。每2～3天搅动1次，15～20天即成。

樱桃酱：选用个大、味酸甜的樱桃1 000克，洗净后分别将每个樱桃切一小口，剥皮去籽，将果肉和适量砂糖一起放入锅内，用旺火煮沸后转中火煮，撇去浮沫涩汁后再煮，煮至黏稠状时，加入适量柠檬汁，略煮一下，离火晾凉即成。

樱桃汁：取樱桃80克，洗净后去核，放入果汁机中加1杯冷开水搅成樱桃汁，倒出即可饮用，也可加适量白糖调味。

2.药用价值

（1）樱花的药用价值　樱花不仅具有食用价值，而且药用价值也很高。樱花广泛应用于樱叶茶、沐浴包及制药、保健品等领域中。

樱叶和樱花是传统中药材，具有止咳、平喘、润肠、解酒的功效。近年现代医学证明，樱叶除传统药性记载之外，还含有丰富的维生素A、维生素D、维生素E。樱叶、樱叶梗、樱树皮、樱树根所含的樱叶酶、樱皮苷更具有抑制恶性肿瘤的作用。樱叶黄酮还具有美容养颜、强化黏膜、促进糖分代谢的药效。据说樱花树皮煎汁可解食鱼中毒，树皮烧成炭灰可解酒醉，新鲜嫩叶可充当杏仁水。

（2）樱桃的药用价值　樱桃是重要的中药，其果实、根、枝、叶、核皆可入药。中医药学认为，樱桃味甘、性温、无毒，具有调中补气、祛风湿的功效。种子油是治疗冠心病、高血压、四肢瘫痪的药用成分。樱桃果实有促进血红蛋白再生及防癌的功效，贫血患者、眼角膜病者、皮肤干燥的人多食有益。种核味苦辛，具有透疹、解毒的功效。樱桃枝叶有透疹、温胃、健脾、解毒的功效。樱桃根有治蛔虫的功效。

我国民间也有很多用樱桃味药材来治病的偏方。如：樱桃挤汁涂患处，每天3次，治烧伤；樱桃浸酒，酌量饮，治风湿腰腿疼痛；樱桃取汁外搽，去汗斑；樱桃枝叶9～18克，水煎服，治腹泻、咳嗽；樱桃叶捣汁，每次服半酒杯，并以渣敷患处，治蛇虫咬伤；樱桃根9～18克，水煎服，治蛔虫病、蛲虫病；0.5千克的鲜樱桃，用1千克米酒浸泡10天后，早晚各服一次，可治疗风湿腰腿痛、关节麻木及风湿引起的瘫痪等。需要说明的是，民间偏方仅供参考，用前还需遵医嘱。

3.工艺价值　樱花在日本国民心中的地位很高，人们常以樱花图案制作各种精美的手工艺品、茶具、用具、陶瓷器等；以樱花为题材绘制了许多优美动人的图案，其中有不少已成为国宝，收藏在日本国家博物馆里。日本人民喜爱以樱花为题材的艺术品，樱花已经成为他们生活中和艺术鉴赏中不可缺少的东西，在许多日本人家中可看到悬挂和摆设的各式各样的樱花绘画和手工艺品。樱花的木材质地坚硬美观，也可用于精雕、版刻、家具等。

樱花和樱花艺术品，早已成为中日两国人民友谊的象征。例如日本风俗画的杰出画师安藤广重在1843—1858年间创作的《江户观樱图》，很早即传入中国。同时，随着中日友好的日益发展，樱花也越来越多地成为中国艺术作品的题材。